긍정의 말로
아이를 움직이는
글쓰기 책

긍정의 말로 아이를 움직이는
글쓰기 책

1판 1쇄 발행 | 2013년 8월 5일

집필 | 강승임
기획 | 이고은
편집 | 이오디자인
디자인 | 이오디자인
발행인 | 이연화
발행처 | 아주큰선물

주소 | 서울시 용산구 이촌동 한가람 Ⓐ 214-1002
전화 | 02)796-7411
팩스 | 02)796-7412
등록번호 | 106-09-23890

긍정의 말로
아이를 움직이는
글쓰기 책

아주큰선물

긍정의 말로 아이의 글쓰기 자존감을 키워 주세요!

많은 부모와 교사들이 아이들은 글쓰기를 싫어한다고 믿습니다. 그 믿음의 근거로 내세우는 것이 글쓰기에 임하는 아이들의 불성실한 자세나 한없이 부족하게만 보이는 글이지요.

하지만 지난 15년 동안 아이들을 지도하면서 재차 확인한 건 아이들은 절대 글쓰기를 싫어하지도 않고, 재주가 없는 것도 아니라는 사실입니다.

아이들이 글쓰기를 싫어하고 소질이 없는 것처럼 보이는 이유는, 주변에서 그렇게 인식하기 때문입니다. 그래서 아이들 스스로도 글쓰기 자존감이 낮아져 어느 순간 쓰기를 거부하게 되는 것이지요.

아이들은 저를 처음 만난 날 다들 이렇게 말하곤 했습니다.

"선생님, 저는 글을 못 써요!"

"저는 글 쓰는 걸 아주 싫어해요!"

하지만 단 한 번도 아이들의 이런 말을 믿은 적이 없습니다. 아이들은 단지 아직 글쓰기를 제대로 한 적이 없고, 글쓰기 교육도 제대로 받아 본 적이 없을 뿐이라고 생각했지요.

저는 아이들 각자에게 모두 나름의 글쓰기 잠재력이 있다고 믿었습니다. 이러한 믿음의 바탕 위에 아이와 글쓰기 수업을 하며 재미와 즐거움과 실력을 하나하나 쌓아올렸지요. 간섭을 최대한 줄이고 아이가 자기 생각에 믿음을 갖고 스스럼없이 펼쳐 보일 수 있도록 자유로운 대화를 많이 나눴습니다.

그 결과는 깜짝 놀랄 정도로 놀라웠습니다. 글쓰기를 배운 지 몇 달 되지도 않았는데 글짓기 관련 상들을 받아오는가 하면, 무엇보다 쓰기 시간을 매우 즐기게 되었다는 것입니다.

어떻게 이런 일이 가능한지 그 구체적인 방법을 이 책에 담아 보았습니다. 가장 중요한 비밀을 말씀드리자면 언제나 긍정의 말로 아이의 마음을 움직이고자 노력했다는 점입니다.

지시와 강요와 협박의 말은 입에서도 마음에서도 거두어야 합니다. 그 자리를 존중과 격려와 칭찬과 조언의 긍정적인 말들로 채워 보세요. 글쓰기가 생각보다 훨씬 재미있고 즐겁고 의미 있는 활동이라는 걸 엄마도, 아이도 곧 느끼게 될 것입니다.

강승임

차
례

☐ 쓰게 하는 여덟 가지 **긍정 지도 키워드 5 조언**

☐ 쓰게 하는 여덟 가지 **긍정 지도 키워드 6 칭찬**

☐ 쓰게 하는 여덟 가지 **긍정 지도 키워드 7 모범**

☐ 쓰게 하는 여덟 가지 **긍정 지도 키워드 8 평가**

긍정

교육학에 보면 '피그말리온 효과'라고 있습니다.
피그말리온은 고대 그리스 신화에 나오는 조각가지요.
그는 자신이 만든 조각상을 사랑한 나머지 아프로디테 여신에게
그 같은 여인을 만나게 해 달라고 기도했습니다.
그러자 아프로디테는 그의 기도를 받아들여 조각상을 인간으로 만들어
주었다고 합니다.

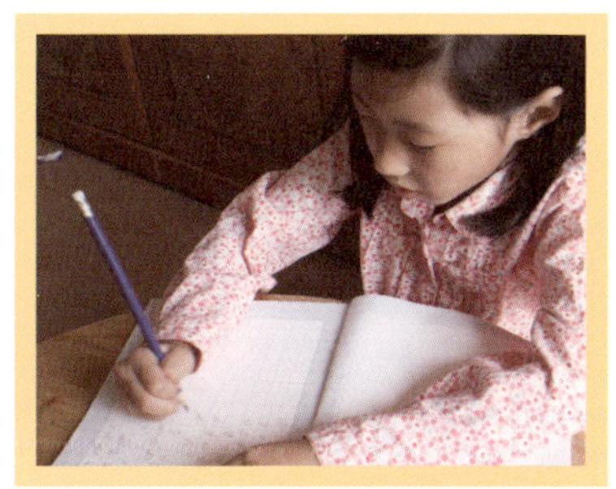

이 같은 일이 현실에서도 일어날 수 있을까요? 당연히 불가능하겠지요.
그 어떤 과학기술을 동원한다 하더라도 조각이 인간이 될 수는 없습니다.
하지만 그 믿음은 어떤가요?
조각이 인간이 되기를 바라는 그런 마음을 갖는 것도 불가능한 일일까요?

교육의 장에서만큼은 그 마음이 불가능하지도 않을뿐더러 그런 마음으로
아이를 대했을 때 조각이 인간이 되는 것과 같은 엄청난 변화를 이끌어냅니다.
많은 교육학 연구에서 이미 증명이 되었지요.
그래서 이를 '피그말리온 효과'라고 부르게 된 것입니다.

긍정적인 기대가
긍정적인 결과를
이끌어낸다!

아이의 글쓰기 지도에서도 가장 먼저 '긍정의 마음'을 지녀야 합니다.
'우리 아이는 글을 잘 써.'
'우리 아이 글은 참 개성이 있어.'라는 마음으로 아이를 대해야
한 마디라도 힘이 나는, 글쓰기를 하고 싶게 만드는 말이 나가지요.

아이가 글을 잘 쓴다고 생각해야 정말 그 일이 이루어집니다.
글쓰기 재주가 따로 있다고 생각하면 안 됩니다.
뛰어난 문학가적인 소질은 분명 타고나겠지만 학교에서 쓰는
글쓰기 재능은 절대 타고나지 않습니다.
그건 자신감과 연습으로 충분히 길러질 수 있습니다.

아이의 글쓰기 잠재력이 나의 긍정에서부터 나온다는 사실을
잊지 말아야 합니다.

좋은 글을 쓰기 위해 꼭 지켜야 하는 글쓰기 순서

어른은 단지 아이가 글쓰기의 순서를 하나씩 지켜나갈
수 있도록 안내하고 도와주기만 하면 됩니다.

01

🫖 마음 준비하기

글쓰기를 좋아하는 아이, 글을 잘 쓰는 아이는 많지 않습니다. 글쓰기를 좋아하는 어른, 글을 잘 쓰는 어른도 별로 없지요.

하지만 아이와 어른을 비교해 보면, 아이들이 어른들에 비해 글쓰기를 좋아하고 글도 더 잘 씁니다. 어째서 그럴까요? 아이들은 어른에 비해 고정관념도 적고 생각도 비교적 자유롭기 때문이지요. 또 남의 시선을 그리 의식하지 않는 솔직함과 순수함도 지니고 있어서 대충 썼는데도 참신함이 느껴집니다.

그런데도 왜 어른들은 아이들의 글을 언제나 못마땅하게 여기는 걸까요? 그건 어른들의 머릿속에 너무 많은 편견이 들어 있기 때문입니다. 또 쓸데없는 조바심을 내서 그렇지요.

아이는 사실 초등학교 입학 후에야 비로소 본격적으로 글쓰기를 시작하는 건데 어른들은 아이가 글자를 안다는 이유로 빨리 잘 쓰기를 기대하지요. 또 '잘 쓴 글'에 대한 편견을 가지고 아이의 글을 보기 때문에 마음에 안 드는 구석이 생기는 것입니다.

편견과 고정관념 없이 있는 그대로 아이 글에 흥미를 보이고 감동을 느껴 보세요. 글 속에 담긴 아이의 생각과 마음을 읽어 주고 그 의미를 발견해 주어야 합니다. 그리고 빨리 쓰라고 다그치는 대신 아이가 정말 마음에서 우러나오는 생각과 느낌을 솔직하게 적을 수 있도록 기다려 주세요.

어른은 단지 아이가 글쓰기의 순서를 하나씩 지켜나갈 수 있도록 안내하고 도와주기만 하면 됩니다. 순서와 절차를 하나씩 지켜나가면 어떤 어려운 주제의 글도 문제없이 쓸 수 있다는 자신감을 가질 수 있도록 말입니다.

봄이 되니까 무엇이 바뀌었나?

2학년 김서현

봄이 되니 꽃도 피고, 나무도 잠에서 깨고, 사람들도 들쑥날쑥 한다. 나비도 날아다니다 꽃에 앉아 꿀을 빨아먹는다. 그런데 슬픈 일도 있었다. 밖에서 놀던 병아리가 개한테 물려 죽어 있었다. 하필이면 다 좋은 날 그렇다. 개를 없애야겠다. 그래도 도둑을 지켜주니까 그냥 냅둘 거다.

사실 난 봄이 싫다. 왜냐하면 학교에 갈 때에는 너무 춥고, 집에 올 때는 더워서 가방매기가 힘들다. 나는 새로운 봄을 만들 거다. 아침에 따뜻하고 낮에는 시원한 그런 봄을 만들고 싶다.

> 봄에 대한 느낌과 생각 위주로 적다 보니 두서없는 글이 되었지만 아이만의 순수함과 솔직함이 잘 드러나 있습니다.

아기를 키우고 싶다

1학년 박예준

아기를 키우고 싶다. 왜냐하면 아기가 너무 귀여워서이다. 그리고 아기를 키울 땐 웃기도 하고 울기도 한다. 웃을 때는 더 웃겨주고 울면 돌봐준다. 밥 먹을 때는 먹여준다. 애기를 낳은 지 3년이 되면 걸음을 가르치고 젓가락질도 가르쳐주고 숟가락질을 가르쳐줄 거다. 설거지할 때는 설거지를 하고 젖 먹여줄 때는 남자한텐 젖이 없으니까 우유를 먹일 거다. 우유가 흘리면 닦아주고 5살이 되면 부인한테 돈을 빌려서 학원을 보낼 거다.

> 남자지만 집에서 아기를 키우고 싶다는 소망을 솔직하게 담았습니다. 아기 돌보기에 대한 진지함이 느껴집니다.

거인을 보게 된 아이

4학년 김민주

한 아이가 숲속을 걷다가 큰 나무를 보았습니다. 나무는 장화를 신고 있었습니다. 자세히 보니까 그것은 나무가 아니라 거인이었습니다.

그 아이는 다른 친구들에게 말했지만 아무도 믿으려 하지 않았습니다.

그 아이는 다시 한 번 숲속에 갔습니다. 두리번두리번 살피고 있는데, 갑자기 누군가가 그 아이를 들어 올렸습니다. 아이는 놀랐죠.

"네가 날 찾고 있느냐?"

아이는 놀란 마음을 숨기고 침착하게 말했습니다.

"거인님이시죠?"

"그래, 무슨 일이지?"

아이는 차근차근 설명을 했습니다. 그러자 거인은 자기가 가지고 있는 무언가를 꺼냈습니다. 바로 단추였죠.

"이것을 가지고 가서 아이들에게 보여주면 믿을 것이다."

아이는 거인의 단추를 바퀴처럼 굴리며 친구들한테 가지고 갔습니다. 단추를 본 아이들이 깜짝 놀랐습니다. 모두 거인의 집에 가고 싶어 했죠. 그래서 함께 그곳으로 갔습니다. 케이크를 들고 말이죠.

"잘 왔구나, 케이크는 고맙다."

아이들은 마음이 뿌듯해져서 집으로 돌아갔습니다. 그리고 이제 아이가 하는 말은 무엇이든지 믿게 되었답니다.

> 상상글입니다. 구성이나 개연성은 떨어지지만 비현실적인 요소와 현실적인 요소를 잘 버무려 나름 메시지를 주고 있습니다.

 "누구에게 무슨 얘기를 들려주고 싶니?"

먼저 주제를 정합니다. 주제는 글에서 가장 중요하기 때문에 충분히 시간을 들여야 해요. 누구에게, 어떤 말을, 왜 하고 싶은지 생각해 봅니다. 내가 읽기 위해 쓸 것인지, 남에게 보이기 위해 쓸 것인지, 이해를 시키기 위해 쓸 것인지, 설득을 하기 위해 쓸 것인지, 아니면 나의 생각이나 느낌을 전달하기 위해 쓸 것인지 등을 따져 보세요. 아이와 자유롭게 대화를 나누다 보면 아이에게 '아, 그거!'하는 아이디어가 딱 떠오른답니다.

 "쓸 내용을 마구 떠올려 보자!"

주제를 정했으면 그와 관련한 내용들을 마구마구 떠올립니다. 이 역시 시간이 걸리고 노력도 들지요. 책이나 인터넷에서 자료를 찾아보고, 직접 겪은 일이나 들은 이야기도 활용해 봅니다. 아이 혼자 내용을 떠올리는 것은 쉬운 일이 아니므로 함께 대화도 나누고 자료 찾기도 도와주세요. 마인드맵을 활용하면 관련되는 내용, 연상되는 내용들을 풍부하게 찾아낼 수 있습니다.

"어떤 내용부터 쓸지 순서를 정할까?"

떠올린 내용과 수집한 자료를 모두 글에 담을 수는 없습니다. 이 중 가장 적합한 내용들을 골라 무엇부터 쓸지 순서를 정해야지요. 바로 '개요짜기'를 하는 것입니다. "자, 그럼 어떤 내용을 제일 먼저 쓸까?"하고 아이한테 결정권을 줍니다. 그 다음 그 뒤를 이어 서너 가지 내용을 더 정해 순서를 매겨 봅니다.

 ## "자, 이제 천천히 글을 써 볼까?"

오래 기다렸지요? 이제야 '진짜' 글을 쓸 차례입니다. 앞의 세 과정을 다 거친 다음에야 글로 표현한다는 사실을 절대 잊으면 안 됩니다. 글은 생각을 떠올리고 정리한 다음에 쓰는 것입니다. 만약 앞의 과정들을 수행하지 않고 다짜고짜 쓰기부터 한다면 뒤죽박죽인 글이 되어 버리고 맙니다. 떠오르는 생각들을 순서 없이 마구잡이식으로 쓸 테니까 말이에요. 하지만 앞의 과정들을 모두 차근차근 밟은 뒤 글을 쓰면 주제에서 벗어나지도 않고 내용도 알찬 글을 쓸 수 있지요. 글쓰기 전체 과정 중에서 실제 '쓰기'의 과정은 시간이 가장 적게 걸린답니다. 전체 시간의 1/4~1/5 정도로 보면 될 거예요.

"소리 내어 읽어 보렴."

마지막으로는 뭘 해야 하냐고요? 한 번 소리 내어 읽어 보면서 혹시 틀린 글자나 빠진 글자, 어색한 문장, 주제와 관련 없는 내용, 생각이나 느낌이 잘 드러나지 않은 부분이 없는지 살펴봅니다. 이건 누가 하면 좋을까요? 글쓰기를 가르치는 어른이 해도 좋지만 아이가 직접 하는 것이 더욱 좋습니다. 아이는 스스로 잘못을 확인하고 고쳤을 때 더 큰 자신감과 확신을 얻습니다. 반면 누가 지적하면 기분이 나빠지고 자신감도 떨어지지요. 쓸 때는 내용을 채우는 데 급급해 어휘나 표현, 문장에 꼼꼼하게 신경 쓰지 못한답니다. 그래서 아는 맞춤법도 틀리고 매끄럽지 않은 문장도 그냥 쓰게 되는 것입니다. 하지만 다 쓴 다음 소리 내어 읽다 보면 틀리거나 어색한 부분이 느껴지지요.

⊲⊷⊷◁ 아이 글쓰기를 봐줄 시간이 없어요.

글쓰기는 아이 혼자 하기에는 벅찬 과정이므로 사실 어른이 옆에서 봐주고 지도해 주는 것이 좋습니다. 그런데 만약 시간이 없거나 지도하기 어렵다면 **글쓰기 샘플 책을 보여 주는 것**이 가장 확실한 방법입니다. 쓰기는 보통 모방부터 시작하고, 모범이 될 만한 글을 보며 생각과 표현 자체를 배워야 쓰기에 대한 감을 잡을 수 있기 때문입니다. 〈우리 아이의 즐거운 일기 쓰기, 독서록 쓰기〉(아주큰선물)나 〈나만의 독서록 쓰기〉(MBC C&I), 〈저학년을 위한 체험학습보고서 쓰기, 가족신문 만들기〉(아주큰선물), 〈고학년을 위한 독서활동보고서 쓰기, 포트폴리오 만들기〉(아주큰선물) 등의 책을 직접 보여 주세요. 이미 많은 부모와 교사들이 이 방법으로 큰 효과를 보았답니다. 학년과 수준에 따라 아이에게 적합한 책을 권해 주고, 예시글을 몇 가지만 보게 하면 아이들은 금방 감을 잡고 쓴답니다.

⊲⊷⊷◁ 글씨가 삐뚤빼뚤 바르지 않아요.

글씨가 바르지 않은 아이는 "글씨 좀 똑바로 써!"라는 말을 듣는 걸 좋아하지 않습니다. 이 경우는 **지적하기보다 바르게 쓰는 방법을 구체적으로 가르쳐 주는 것이 좋습니다.** 일단 획을 필기체처럼 흘려 쓰지 말고 끝까지 곧게 쓰도록 하고, 동그라미를 완전하게 그리도록 격려해 주세요. 그리고 아이가 바른 글씨 습관을 잡을 때까지 옆에서 "그렇지, 잘하네, 곧게~" 등의 말을 추임새처럼 넣으며 쓰는 순간순간 응원해 줍니다.

쓰기에 대한 거부감이 너무 심해요.

무언가에 대한 거부감이 심하다는 건 마음의 문제입니다. 그것과 관련하여 예전에 크게 상처를 받았기 때문이지요. 이 상처는 아이 입장에서의 상처라 어른이 보기에는 별 것 아닐 수도 있습니다. 그렇다고 가벼이 여기거나 무시하면 안 됩니다. 공감하고 위로하고 그 불쾌한 기억에서 벗어날 수 있도록 도와주어야 합니다. 아이들은 글자를 배울 때 자신의 서툰 글씨를 지적받거나 자신의 글에 대해 생각, 표현, 분량 등을 지적받으면 '쓰기' 자체가 싫어집니다. 따라서 **아이가 왜 쓰기를 싫어하는지 차분히 대화를 나눠 보세요.** 쓰기와 관련한 기술이나 방법은 그 다음 문제이지요.

책은 많이 읽었는데 왜 못 쓰죠?

읽기와 쓰기를 담당하는 뇌의 회로가 다르기 때문입니다. 즉 읽고 이해하는 회로와 생각하고 정리해서 쓰는 회로가 다르답니다. 어른 중에도 많이 읽었지만 잘 못 쓰는 사람이 있는가 하면, 책을 별로 안 읽었는데도 잘 쓰는 사람이 있습니다. 독서는 분명 쓰기에 도움이 되지만 직접적으로 불가분의 관계가 있다고 말하기는 어렵습니다. **독서가 쓰기에 도움이 되려면 읽은 것을 적용하고 활용하는 능력이 함께 키워져야 합니다.** 또 책에서 본 새로운 어휘나 표현을 일기 등에 적극 활용하여 써 보게 해야지요. 또 한 가지 방법은 마음에 드는 문장이나 문단이 있으면 베껴 쓰기를 꾸준히 하는 것입니다. 그러면 책 안에 담긴 생각, 느낌, 어휘, 표현, 문장 등을 모두 배울 수 있습니다.

아무거나 써도
소중한 하루!

일기 쓰기

아이가 자기 하루를 특별한 눈으로 볼 수 있도록
아주 사소한 일에도 의미를 부여해 주세요.

02

마음 준비하기

일기 쓰기를 좋아하는 아이들이 얼마나 있을까요? 아마 열에 아홉은 귀찮아하고 쓸거리가 없다며 징징댈 거예요. 그래서 저녁이면 이집 저집에서 일기 때문에 아이와 실랑이하는 엄마들을 종종 볼 수 있습니다.

아이들은 왜 일기 쓰기를 싫어할까요? 다그치기 전에 아이 입장에서 천천히 생각해 볼까요? 한 마디로 말하면 아이는 아직 자기 삶에서 의미를 찾는 일이 매우 서툴고, 웬만한 일은 대체로 기억하지 못하기 때문이에요. 그리고 몇 번 엄마한테 무엇에 대해 쓴다고 했다가 하찮은 일 취급을 당했던 기억 때문에 더더욱 쓸거리를 찾지 못하지요.

게다가 아이의 하루는 어떤가요? 어제가 오늘 같고 오늘이 내일 같은 날들의 반복이에요. 아이 생각에 특별한 일이란 놀이공원이라도 다녀온 일일 텐데 매일 비슷한 일들만 되풀이되니 쓰기도 전에 한숨이 나올 뿐이지요.

따라서 무엇보다 엄마는 아이가 자기 하루를 특별한 눈으로 볼 수 있도록 아주 사소한 일에도 의미를 부여해 주어야 합니다. 아이가 먹은 음식, 지나다니는 길, 읽은 책, 친구와 있었던 일 등에 대해 흥미를 보이며 고개도 끄덕이고 맞장구도 쳐 주고 공감도 해 주는 것이지요.

참, 일기의 좋은 점도 다시 한 번 알아 두세요. 아이가 물어보면 언제든 말해 줄 수 있게 말이에요. 일기는 글쓰기의 기초를 잡아 주고, 끈기와 참을성을 길러 주며, 하루를 돌아봄으로써 지혜를 쌓아 줘요. 또 아주 오래도록 보존된다면 역사의 귀중한 자료로 쓰일 수도 있답니다.

날짜: 6월 10일
날씨: 해님이 구름을 모두 내쫓아 하늘이 깨끗해진 날
제목: 시원한 물총이 내 손에

1학년 서주아

　　인터넷으로 산 물총이 왔다. 5,400원이다. 나는 돌고래 물총을 사고 싶다고 했는데 엄마가 모르고 코브라 물총을 신청해 버렸다. 징그러울까 봐 걱정했는데 보니까 귀여웠다.
　　화장실에 들어가서 얼른 물을 담아 쏘아 보았다. 쏭쏭 잘 나갔다. 그걸 보니까 기분이 좋아졌다. 마음까지 시원했다. 내일 토요일이니까 분수대에서 친구들이랑 물총 놀이를 해야겠다. 두근두근 기대가 된다.

> 어떤 일에 대해 쓸 때, 그 일이 일어나기 전에 기대했던 점과 일이 일어난 후의 감정이나 생각의 변화를 비교하여 쓰도록 하면 좋습니다.

날짜: 9월 3일
날씨: 후두둑 소나기
제목: 내가 제일 좋아하는 게임은?

3학년 정윤수

내가 제일 좋아하는 게임은 스마트폰으로 하는 프로야구 게임이다. 여러 팀들과 시합을 하는 건데, 공격을 할 때는 타자가 되어 스윙을 하고, 수비를 할 때는 투수가 되어 공을 던진다.

내가 이 게임을 좋아하는 이유는 세 가지다.

첫째, 스트레스가 풀리기 때문이다. 게임을 할 때는 걱정이 사라진다.

둘째, 야구 연습을 할 수 있기 때문이다. 나중에 야구 선수가 되는 것이 꿈인데 오늘처럼 비가 올 때도 게임으로 대신 연습할 수 있다.

셋째, 심심하지 않기 때문이다. 집에 혼자 있을 때나 할 일이 없을 때 야구 게임을 하면 재밌다.

하지만 게임에 너무 빠져 있으면 안 된다. 할 일을 다 하고 조금씩만 해야 한다. 그래야 엄마한테 혼나지 않기 때문이다.

▶ 쓸거리가 없으면 아이가 좋아하는 것, 잘하는 것 중에 하나를 골라 쓰도 록 합니다. 그에 대한 간단한 설명과 좋아하는 이유를 덧붙이게 하면 좋습니다.

 "오, 딱 좋은 소재구나!"

일기 쓰기가 아이에게 즐겁고 편안한 활동이 되려면 먼저 오늘 있었던 일들을 허심탄회하게 말하도록 해야 합니다. 아이가 하는 말에 진심으로 관심을 갖는 태도를 보이면 아이는 흥이 나 재밌고 솔직한 이야기들을 들려줄 거예요. 이때 시간이 좀 걸리더라도 충실히 대화를 나눠야 합니다. 이 과정에서 아이의 눈빛이 '반짝'하는 소재를 찾을 수 있답니다. 그때 "오, 딱 좋은 소재구나! 그걸로 써 보자."하고 제안해 주세요. 그런 다음 그에 대해 몇 가지 더 구체적인 질문을 던져 쓸 내용을 생성합니다.

 "날씨는 아주 재밌게 써 보자."

쓸거리가 정해지면 지체하지 말고 날짜를 쓰게 한 다음 참신한 날씨 표현을 함께 생각해 봅니다. 의성어나 의태어를 섞어 쓰거나 이야기처럼 짓거나 날씨의 변화를 자세하게 쓰면 됩니다.

 **여러 가지 날씨 표현**

맑음 : 이글이글 태양, 해님이 활짝 웃은 날 등
흐림 : 마음이 꿀렁꿀렁, 하늘이 잔뜩 찌푸린 날 등
바람 : 간질간질 바람, 휘익휘익 쌩쌩, 바람 요정이 화난 날 등
비 : 쏴아―쏴아 내리는 비, 땅을 깨우는 봄비 등
눈 : 나풀나풀 꽃송이 같은 함박눈, 눈 뜨고 보니 하얀 나라 등

3 "특이한 제목을 붙여 볼까?"

제목을 재미있게 지어보자고 하면 아이들은 자신의 글에 더 큰 흥미를 보입니다. 근사한 제목이 아니더라도 노력 자체를 칭찬해 주세요. 평소 신문의 헤드라인이나 광고 카피, 책 제목 등을 유심히 보면 아이디어를 얻을 수 있습니다.

4 "10줄만 써 보자."

요즘 글쓰기는 대부분 쓸 분량이 미리 정해져 있습니다. 자기 소개서만 하더라도 각 항목 당 400자, 500자 내외로 쓰게 하고, 논술도 마찬가지지요. 쓰기 전에 분량을 정하면 끝을 알 수 있으니 아이들의 마음이 한결 편해진답니다. 저학년은 5줄 내외, 중학년은 10줄 내외, 고학년은 그때그때 자유롭게 정해 써 보게 합니다.

5 "이제, 쓰기 시작!"

쓸거리를 정하고 제목도 썼으니 이제 글을 쓰기 시작하면 됩니다. 쓰다가 내용이 잘 안 떠올라 아이가 멈칫한다면 이어질 내용을 직접 말해 주기보다 구체적인 질문을 통해 다시 생각이 나도록 유도합니다.

6 "한번 읽어 볼래?"

일기를 다 쓴 다음에는 소리 내어 읽어 보면서 틀린 글자나 어색한 문장을 스스로 찾아 고쳐 써 보게 합니다.

◁┅┅ 대화를 실컷 나눴는데도 막상 쓸 때는 멍해 있어요.

이럴 경우 첫 문장을 불러 주세요. 육하원칙에 따라 사건의 핵심을 담아서 말이지요. 이때 주의할 점은 '나는'이나 '오늘'과 같은 표현을 아예 빼 버리는 것입니다. 그래야 아이도 나중에 '오늘 나는'으로 시작하지 않을 거예요.

◁┅┅ 느낌에 '참 재밌었다.'라고만 써요.

이 문장에 대해 "너는 왜 항상 '재밌었다'라고만 쓰니?"라는 식의 지적을 해서는 안 됩니다. "재밌었구나. 그럼 마음이 어땠어? 심장이 쿵쿵 뛰었니? 다른 표현으로 써 보자."라고 **구체적인 방법을 안내해야 합니다.** 엄마가 준비한 참신한 표현이나 경험 등을 예시로 말해 주세요.

◁┅┅ 날씨 표현을 자세히 쓰려고 하지 않아요.

글쓰기에 흥미가 별로 없는 아이거나 빨리 대충 써 버리고 싶은 아이들은 무엇이든 자세히 쓰려고 하지 않습니다. 날씨 표현도 마찬가지지요. 이럴 땐 **문학적인 표현 대신 과학적인 정보를** 적도록 해 주세요. 일기예보를 참고해 기온, 구름의 양, 바람의 세기 등을 간단히 쓰는 거예요.

◁┅┅ 한 줄 쓰는 데도 시간이 너무 오래 걸려요.

아이가 자꾸 미루거나 다른 얘기를 하면 시간 재기 방법을 써 봅니다. **"자, 시간을 잴 거야. 300까지 셀게. 준비, 시작!"** 하고 아이의 행동과 상관없이 수를 세 버리세요. 그러면 시간이 흐른다는 사실을 깨닫고 조금씩 속도를 낸답니다.

◁━━◁ 있었던 일을 주절주절 끝도 없이 써요.

일어난 일만 지나치게 자세히 쓰는 습관을 고치려면 **일기를 쓰기 전에 분량과 쓸 내용을 확실히 정해야** 합니다. 특히 생각한 점이나 느낀 점, 반성, 다짐 등의 내용을 미리 정하도록 해야지요.

◁━━◁ 실수했던 일이나 잘못했던 일은 안 쓰려고 해요.

누구나 자신의 부끄러운 점은 감추고 싶은 법입니다. 특히 아이들은 선생님이나 부모님께 잘 보이고 싶은 마음에 좋은 일, 잘한 일, 기쁜 일만 쓰고 싶지요. **아이 스스로 마음을 열 때까지 기다려 주는 것이 좋습니다.**

◁━━◁ 고학년인데도 자꾸 그림을 섞어 그려요.

학년에 상관없이 일기에 그림을 덧붙이는 행위는 바람직합니다. 지금은 이미지 시대이고 글과 그림 모두 좋은 표현 도구이기 때문입니다. 따라서 더 **다양한 캐릭터, 개성 있는 캐릭터를 개발할 수 있도록** 격려해 주세요.

◁━━◁ 일기를 못 보게 하고, 실력은 점점 떨어지는 것 같아요.

사실 일기 지도는 저학년 때까지만 하는 것이 좋습니다. 10세부터는 자아가 발달하면서 독립성도 생겨나기 때문에 간섭을 받는 느낌을 싫어합니다. 일기를 못 보게 하면 **아이의 그런 입장을 존중해 간섭하지 말아야** 하고, 고학년인데 일기가 예전보다 못하다고 느껴도 크게 지적하지 않는 것이 좋습니다. 이 경우 다른 글쓰기를 통해 실력이 높이는 것이 바람직합니다.

이제부터 개성 있는 느낌을 표현해!
독서록 쓰기

아이에게 독서록 쓰기를 지도하기 전에 '나는 책을 읽고 얼마나 많은 생각과 느낌을 떠올리나?'라는 질문을 자신에게 던져 보세요.

03

🫖 마음 준비하기

책을 읽고 난 뒤 아이들에게 줄거리나 느낌을 말해 보라고 하면 어떤가요? 자유롭게 술술 말하는 편인가요, 아니면 시큰둥한가요?

아마 후자인 아이들이 더 많을 거예요. 그럼 엄마는 아이가 책을 제대로 읽었는지 의심하게 되고, 우리 아이가 뭐가 모자라지 않나 하는 걱정이 생기지요.

정말 아이에게 문제가 있고, 언어 능력이나 표현 능력이 떨어지는 걸까요? 그렇지 않습니다. 줄거리를 요약하고 무언가에 대해 감상하는 능력은 모두 배움을 통해 길러진답니다.

일기를 쓸 때 "기억에 남는 일을 말해 봐."라는 질문이 오히려 아이들의 생각을 가로막는 것처럼, 독서록을 쓸 때도 "느낌을 말해 봐."라는 질문은 바람직하지 않습니다. '느낌'이라는 말은 아이에게 너무 추상적이기 때문입니다. 게다가 아이는 아직 느낌을 표현하는 어휘들도 다양하게 알지 못해요.

따라서 아이에게 책을 감상하는 법부터 가르쳐 주세요. 사건이 일어난 원인을 추론하는 법, 잘못을 찾아 비판하는 법, 나의 경험과 관련지어 생각하는 법, 상황을 바꾸어 이해해 보는 법 등을 알려 주세요.

줄거리 요약도 마찬가지입니다. 너무 길게, 또는 너무 짧게 요약했다고 지적하기 전에 방법을 알려 주어야 합니다. 그래야 아이 스스로 어떤 부분이 부족한지 고쳐나갈 수 있습니다.

아이에게 독서록 쓰기를 지도하기 전에 '나는 책을 읽고 얼마나 많은 생각과 느낌을 떠올리는가?'라는 질문을 자신에게 던져 보세요. 지도하는 사람의 느낌과 생각이 풍부할수록 아이도 그렇게 된답니다.

책이름: 지각대장 존   지은이: 존 버닝햄
출판사: 비룡소   기록일: 6월 12일

2학년 권민우

존이 학교에 갈 때마다 악어, 사자, 폭풍우를 만나는 바람에 지각을 했다. 그래서 선생님이 반성문을 쓰라는 벌을 줬다. 나는 이 벌이 나쁘다고 생각한다. 왜냐하면 반성문을 썼다고 악어, 사자, 폭풍우가 안 나타나는 건 아니기 때문이다. 내가 선생님이라면 아침에 존의 집에 가서 존을 데리고 올 것이다. 그러면 존이 거짓말을 했는지 아닌지도 알 수 있고, 만약 사실이라면 존을 구해 빨리 학교에 갈 수 있기 때문이다. 선생님은 어른이니까 학생이 위험에 빠지면 구해 주어야 한다.

❯ 선생님이 존에게 내린 벌에 대한 평가를 적었습니다. 왜 나쁘다고 생각하는지, 그렇다면 좋은 방법은 무엇인지를 주된 감상으로 썼지요. 책 속 마음에 드는 그림을 골라 그리는 것도 좋아요.

책이름: 장발장　　　　　지은이: 빅토르 위고
출판사: 삼성출판사　　　　기록일: 7월 12일

5학년　김도윤

　19년 동안이나 감옥살이를 하고 세상에 나온 장발장은 미리엘 신부를 만나 사랑과 용서를 배우고 완전히 다른 사람이 되었다. 남을 위하고 사랑하는 삶을 살게 된 것이다. 자신을 쫓으며 괴롭히던 자베르 형사에게도 말이다. 자베르가 위험에 처했을 때 그를 구해 주고 자수를 했다. 그러자 자베르는 장발장의 진심을 느껴 스스로 목숨을 끊었다. 나는 이 장면이 제일 인상적이었다. 집요하게 장발장을 쫓는 자베르가 좀 미웠는데 막상 죽으니까 허탈하기도 하고 불쌍하기도 했다.

　자베르는 왜 죽은 걸까? 너무 괴로웠기 때문일 것이다. 자신이 그토록 잡고 싶어 했던 범죄자 장발장이 사실은 나쁜 사람이 아닐지도 모른다고 생각했기 때문이다. 만약 그렇다면 장발장을 범죄자로 만든 법, 그가 평생 믿고 따르던 법이 잘못된 것이다. 하지만 이건 받아들이기 어렵다. 그러면 자신이 그 잘못된 법을 지키는 삶을 살았다는 것밖에 안 되기 때문이다. 이런 혼란을 감당하기 어려워서 목숨을 끊은 게 아닐까?

　자베르가 죽음을 선택하지 않고 장발장과 친구가 되는 길을 선택했다면 더 좋았을 텐데 아쉽다. 둘이 하늘나라에서는 꼭 친구가 되었으면 좋겠다.

▶ 인상적인 장면 중심으로 줄거리를 요약하고 그에 대한 감상을 덧붙였습니다. 세계명작처럼 분량이 많은 책을 읽을 땐 중심내용을 전부 요약해서 쓰기보다 인상적인 부분이나 기억에 남는 구절 중심으로 씁니다.

"천천히 상상하면서 읽어 봐."

책을 읽을 때 생각하고 상상하며 읽어야 독서록도 잘 쓸 수 있습니다. 따라서 읽기 전에 표지, 지은이 소개, 머리말, 목차 등을 함께 훑어보면서 책 내용에 궁금증을 갖게 합니다. 책 내용이나 주제와 관련하여 미리 몇 가지 질문을 만들어 그 답을 생각하며 읽도록 하는 것도 좋은 방법입니다.

"주인공이 어떻게 됐어?"

책을 읽고 난 뒤 바로 독서록을 쓰는 게 아니라 먼저 책의 중심 내용을 정리합니다. 아이들은 중요한 내용보다 재미있는 내용을 더 잘 기억하기 때문에 중심 내용과 관련한 구체적인 질문으로 줄거리를 파악하도록 합니다.

"어머, 왜 그런 일이 벌어졌을까?"

책에 대한 생각과 느낌도 독서록을 쓰기 전에 정리되어야 합니다. 아이 혼자 생각과 느낌을 발전시키는 것은 어렵기 때문에 다음의 질문을 통해 사고를 자극해 봅니다.

> ### 생각과 느낌을 발전시키는 질문
>
> - 주인공은 왜 그런 일을 했을까?
> - 주인공이 잘한 일, 잘못한 일은 무엇이라고 생각하니?
> - 주인공과 비슷한 일을 겪은 적이 있니?
> - 네가 주인공이라면 어떻게 할 거니?

 **"오늘은 주인공한테 편지 쓰는 거 어때?"**

독서록을 쓸 때 줄거리와 감상 쓰기의 방식으로만 쓰면 갑갑하고 지겨워요. 따라서 다음의 여러 가지 방식으로 쓸 수 있도록 자유를 줍니다.

 **여러 가지 독서록 형식**

주인공에게 편지 쓰기	책표지 만들기	책 광고 만들기	상장 만들기
주인공 인터뷰하기	낱말 풀이하기	캐릭터 만들기	만화 그리기
뒷이야기 상상하기	독서퀴즈 만들기	독후화 그리기	책 소개하기

"제목, 지은이, 출판사부터 적어 볼까?"

독서록에 기본적으로 꼭 들어가야 하는 것은 책제목과 지은이, 출판사, 기록한 날입니다. 특히 지은이나 출판사를 적는 습관은 책에 대한 아이의 안목을 키워 준답니다.

"그럼 이 책을 참고해서 써 보자."

쓸 내용과 형식을 정하고 책에 관한 기본 정보까지 적었다면 이제 본격적으로 독서록을 쓰기 시작합니다. 만약 아이가 막연해 한다면 〈2, 3학년을 위한 즐거운 독서록 쓰기〉(아주큰선물), 〈나만의 독서록 쓰기〉(MBC C&I), 〈초등 고학년을 위한 독서활동보고서 쓰기, 포트폴리오 만들기〉(아주큰선물) 등의 책에 실린 아이들 글 샘플들을 보여 주세요. 다른 친구들이 어떻게 쓰는지 직접 확인하면 자신감을 가지고 자기 글을 쓸 수 있답니다.

◁┼┼◀ 줄거리 요약을 잘 못해요.

아이들은 아직 중요한 것과 중요하지 않은 것을 잘 구분하지 못합니다. 그래서 자신의 관심사 위주로 줄거리를 요약하지요. 따라서 줄거리를 제대로 정리하기 위해서는 **먼저 책의 주제를 파악해야 해요.** 그 주제와 직접적으로 관련된 내용만 추리면 줄거리가 되지요. 주인공의 행동을 육하원칙에 따라 정리하면 쉬워요.

◁┼┼◀ 독후 대화를 거부해요.

독후 대화를 거부하는 아이들을 보면, 어른들은 아이가 이런 활동 자체를 싫어한다고 판단하지요. 하지만 그렇지 않습니다. 아이들은 사실 호기심이 많고 표현 욕구도 강하며 탐구심도 남달라 지적인 얘기를 나누는 것을 좋아합니다. 그런데도 싫어하는 태도를 보이는 이유는 대화 상대자가 아이의 생각이나 표현을 지적하고 고쳐 주려고 하기 때문이지요. 마치 평가를 하듯 말이에요. 이런 상황이 되풀이되면 어느 순간 아이는 입을 닫고 책에 대해 어떤 얘기도 하려 하지 않지요. 아이의 태도를 바꾸려면 일단은 **어른이 먼저 자유롭게 감상을 얘기해 봅니다.** 아이에게 동의를 구하지 말고 있는 그대로 편하게 말이에요. "난 이 부분이 마음이 아팠어."라는 식으로 말하면 아이가 조금씩 반응을 할 거예요. 그때 아이의 말에 귀를 기울이며 미소를 띠고 조용히 고개를 끄덕이세요. 그러면서 천천히 책에 대해 이런 저런 얘기를 나눠 봅니다. 이때 아이의 생각이나 느낌, 표현을 반드시 존중해 주어야 합니다.

쉬운 책으로만 쓰려고 해요.

쉬운 책으로 쓸 때는 **아이가 시도하지 않았던 새로운 형식으로 쓰도록** 해 보세요. 그러면 쓰기 실력을 키울 수 있고, 책에 대한 감상도 더 깊어지고 풍요로워질 것입니다. 이 과정을 거친 후 아이 수준에 맞는 책으로 쓰도록 하되, 혼자서는 힘들기 때문에 쓸 내용을 정하는 것부터 도와주어야 합니다.

한 가지 방법으로만 쓰려고 해요.

아이가 한 가지 방법을 고수하는 이유는 그것이 쉽고 편하기 때문입니다. 이건 어른도 마찬가지지요. 따라서 잘못된 행동으로 여길 것이 아니라 **그 방식을 발전시킬 수 있는 방안을 함께 고민해 보세요.** 예를 들어 만화만 그린다면 캐릭터를 개발해 보거나 카툰, 캐리커처 등 형식을 다양하게 해 봅니다. 그러면 아이는 자신이 능수능란하게 다룰 수 있는 표현 방식을 가질 수 있답니다.

책은 좋아하는데 독서록 쓰기는 싫어해요.

이런 경우는 심리적인 이유 때문일 것입니다. 아이가 자존심이 세거나 완벽주의적 성향이 있으면 상대적으로 잘 못할 것 같은 활동은 아예 시도조차 안 할 수 있습니다. 아니면 전에 글을 쓸 때 꾸중을 들었거나 부정적인 평가를 받은 적이 있다면 마음의 상처로 인해 쓰지 않으려고 할 수 있지요. 어떤 경우든 마음의 문제는 우선 그 마음을 풀어주어야만 합니다. 먼저 **아이의 마음에 공감을 표현해 주고 아이의 글에 대해 생각이나 표현 면에서 구체적인 칭찬을 많이 하고 꾸준히 격려해 줍니다.**

질문

글을 써야 하는데 아이는 '멍–'해 있습니다. 그러면 대부분은 "빨리 써!"
라고 말하지요. 하지만 어떤 아이도 이 말대로 하지 않습니다.
오히려 점점 더 지루하고 무기력한 표정을 지을 뿐입니다.
아이는 잔뜩 찌푸린 얼굴로 이렇게 말합니다.

"무얼 써야 할지 모르겠어요!"

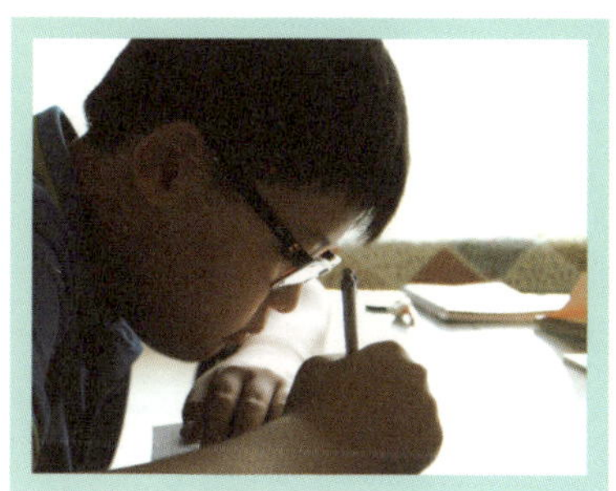

그렇습니다.

아이들이 빨리 쓰지 못하는 건 아이에게 글재주가 없어서도 아니고,

귀찮아하는 성격 때문도 아닙니다.

대부분의 경우 '쓸거리'가 떠오르지 않기 때문이지요.

어른도 그렇잖아요. 할 말이 없는데 누가 옆에서 자꾸 말하라고 하면

짜증이 나지요.

우리도 이런데 왜 아이도 이럴 거라는 생각은 못 할까요?

그럼 어떻게 하면 좋을까요?

당연히 무엇을 쓸지에 대한 '생각'이 떠오르도록
유도해야지요.
가장 좋은 방법은 질문을 하는 것입니다.
그 옛날 소크라테스가 했던 것처럼 말입니다.
그는 대화를 잘 나누기로 유명한 철학자지요.
그의 대화는 지식을 일방적으로 전달하는 대화나 자기
생각을 한없이 늘어놓는 대화가 아니었습니다.
상대방이 스스로 생각하게끔 유도하는 대화였지요.
그는 좋은 질문으로 좋은 생각을 이끌어냈습니다.

우리도 그렇게 하는 거지요.

"그러게. 어떤 걸 쓰면 좋을까?"하고 먼저 아이의 '생각 없음.'
에 공감을 표현해 준 뒤, 천천히 생각의 세계로 들어올 수 있도록 이끌어
주세요.

"00에 대해 써 보는 건 어때?"하고 살짝 마음을 떠보기도 하고,

"나는 00이 참 재미있더라." 또는 "00이 궁금해."라는 말로
관심을 유도해 보기도 합니다.

그러면 놀랍게도 아이가 정말로 '생각'을 시작한답니다.

대화가 진행되면 진행될수록 생각은 갈피를 잡아나가고 마침내 아이는
'쓸거리'를 찾아내지요!

마음을 주고받는 것도
방법이 있어!
편지 쓰기

마음을 억지로 꾸며 쓰게 하지 말고 있는 그대로 자기
마음을 담는다면 내용이 간단하거나 할 말이 조금
뒤죽박죽 섞여 있어도 괜찮습니다.

04

마음 준비하기

아이들은 대체로 쓰는 것보다 말하는 걸 더 좋아합니다. 왠지 더 쉽고 간편하다고 생각하지요. 사실 어른도 그렇습니다. 아무래도 말은 일상적으로 더 많이 쓰니까 편하게 느껴지고, 반면 글은 거의 쓸 일이 없기 때문에 막상 쓰려면 부담스럽지요.

말이 더 잘 나오는 이유는 또 있습니다. 바로 말을 하는 상황이나 말을 주고받는 대상이 구체적이기 때문입니다. 그러면 생각이 더 잘 떠오른답니다.

그런데 글쓰기 중에서도 말하기와 매우 유사한 글쓰기가 있습니다. 바로 편지 쓰기입니다. 편지는 받는 사람이 정해져 있고, 쓰는 동기와 목적도 뚜렷해 누구든 말하듯 별 부담 없이 쓸 수 있지요. 그래서 글쓰기를 싫어하고 어려워하는 아이도 처음에 편지 쓰기 방법으로 쓰도록 유도하면 어느 정도 따라옵니다. 일기장에 이름을 붙여 편지 일기를 쓰거나, 주인공이나 저자에게 하고 싶은 말을 담은 편지 독서록을 써 봅니다.

학교에서도 편지 쓰기 숙제를 종종 내 주지요? 부모님이나 선생님, 친구, 가난하고 고된 생활을 하는 다른 나라의 어린이들에게 편지를 써 오라고 하지요. 가정의 달 5월이 되면 '사랑의 편지 쓰기'와 같은 대회를 열기도 합니다.

이때 아이에게 편지 쓰기의 형식과 방법을 가르쳐 주세요. 하지만 무엇보다 중요한 것은 아이의 진심과 진실을 담는 것입니다. 마음을 억지로 꾸며 쓰게 하지 말고 있는 그대로 자기 마음을 담는다면 내용이 간단하거나 할 말이 조금 뒤죽박죽 섞여 있어도 괜찮습니다. 편지가 내 마음의 확장처럼 느껴져야 나중에 안네나 정약용처럼 깊이 있는 편지를 쓸 수 있답니다.

이 세상에서 제일 사랑하는 아빠께

4학년 박동재

아빠, 그동안 안녕하셨어요? 잘 지내시고 있는지 매일 궁금해요. 저는 엄마와 동생과 함께 몸 건강히 잘 지내고 있어요.

아빠, 저는 요즘 매일 줄넘기를 100개씩 하고 있어요. 학교에서 시험 보는 것도 있지만 아빠처럼 키도 빨리 크고 근육도 있는 멋진 남자가 되고 싶어서요. 아빠가 서울에 계실 때는 매일 밥을 잘 안 먹는다고 혼냈지요? 하지만 이제는 밥도 잘 먹고 몸도 점점 튼튼해지고 있으니까 걱정 안 하셔도 돼요. 저는 우리 가족이 다시 함께 살 날만 손꼽아 기다리고 있어요. 아빠가 안 계시니까 밤에 조금 무섭기도 하고 뭔가 허전해요. 아빠가 술을 드셔서 집에 늦게라도 오실 때가 그리워요. 그렇다고 술을 드시라는 건 아니에요. 아빠는 우리 집 기둥이니까 절대로 몸이 아프시면 안 되니까요.

아빠, 저희가 언제나 아빠 생각을 많이많이 한다는 거 알지요? 사랑해요. 그리고 이만 쓸게요. 토요일에 뵐 때까지 안녕히 계세요.

2013년 5월 7일
아빠의 멋진 아들, 동재 올림

▶ 어버이날을 맞아 떨어져 지내는 아버지에게 편지를 썼습니다. 요즘 자신의 근황과 아버지에 대한 사랑의 마음을 전하고 있습니다.

책 이름: 마당을 나온 암탉　　지은이: 황선미
출판사: 사계절　　　　　　　　기록일: 7월 12일

5학년　진유림

잎싹에게

　안녕? 오늘 날씨가 무척 좋지? 구름이 하나도 없어서 여기 땅 위가 아주 잘 보일 거야. 네가 이 땅에서 어떤 삶을 살았는지 기억나니? 난 하나하나 다 기억나. 양계장을 탈출한 일, 나그네의 알을 품은 일, 초록머리와 마당에서 산 일, 초록머리를 그의 무리 속으로 보낸 일, 그리고 마지막에 족제비에게 몸을 내어준 일까지……

　잎싹아! 너는 정말 대단한 암탉이야. 네가 꿈꾼 모든 일을 이루었으니까. 하지만 그 과정이 얼마나 힘들고 외로웠는지 나는 잘 알아. 그래서 너의 이야기를 읽는 동안 마음이 참 아팠단다. 나 같으면 벌써 포기하고 도망쳐 버렸을 텐데 너는 끝까지 너의 선택에 책임을 지고 참고 견디었지. 그리고 너의 아기를 사랑과 믿음으로 대하며 진정한 행복을 빌어 주었어.

　잎싹아! 나도 너처럼 꼭 꿈을 이루고 싶어. 아직 꿈이 확실히 있는 건 아니지만 정해지면 포기하지 않고 끝까지 노력할 거야. 하늘에서 응원해 줘. 그럼 안녕!

유림이가

❯ 편지 형식으로 쓰면 느낌이나 생각이 더욱 생생히 살아납니다. 하고 싶은 말을 편하게 할 수 있기 때문이지요. 이 글도 주인공 잎싹의 행적을 간단히 적고, 그에 대한 감상을 풍부하게 덧붙였습니다.

 **"누구에게 쓸까?"**

누구에게 왜 쓰는지부터 정해야 합니다. 모든 글쓰기는 쓰기 전에 계획을 잘 세워야 하니까요. 편지를 쓰는 이유나 목적은 다양합니다. 안부나 근황을 전하기 위해, 새로운 소식을 알리기 위해, 감사의 마음을 전하기 위해, 축하하기 위해, 위로하기 위해, 충고나 조언을 하기 위해, 용서를 구하기 위해, 부탁하기 위해, 화해하기 위해 쓰지요.

 **"먼저 인사말을 써 보자."**

편지엔 먼저 편지를 받아볼 사람을 부르는 말을 씁니다. 그 다음 인사말을 쓰는데, 첫인사와 계절 인사를 이어서 건네면 됩니다. 마지막으로 상대방의 안부를 묻고 자기 안부도 전합니다.

이하은 선생님께	← 호칭(부르는 말)
그 동안 안녕하셨어요?	← 첫인사
어제까지 비가 많이 내렸는데 오늘은 활짝 갰어요.	← 계절 및 날씨 인사
건강하게 잘 지내고 있으시지요?	← 상대 안부
저는 새 학교에서 새 친구들과 즐겁게 지내고 있습니다.	← 자기 안부

3 **"이제 하고 싶은 말을 쓰는 거야."**

이제 본격적으로 편지를 쓰게 된 주요 목적과 용건을 써야 합니다. 편지글에서 가장 중요한 부분이므로 자신의 마음이 잘 드러날 수 있도록 자연스럽고 솔직하게 써야 해요. 특히 일기나 독서록을 편지 형식으로 쓸 때는 자세하고 풍부한 내용을 담습니다.

4 **"끝인사만 쓰면 됐다!"**

용건을 다 쓰고 난 다음엔 반드시 줄을 바꾸어 끝인사를 씁니다. 그 다음 편지를 쓴 연월일, 보내는 이의 이름이나 사인을 적지요.

그럼 이만 줄입니다. 다시 뵐 때까지 안녕히 계세요.	← 끝인사
2013년 5월 14일	← 쓴 날짜
제자 가윤 올림	← 보내는 이

5 **"혹시 덧붙이고 싶은 말이 있니?"**

서명까지 다 쓰고 나서 편지를 한번 읽어보고 빠뜨린 내용이 있으면 덧붙입니다. 서명 아래 빈 공간에 '추신'이라고 쓰고, 간난하게 덧붙이면 됩니다.

추신: 참, 선생님 학교에 놀러 가도 될까요?	← 추신

◁┅┅◁ 사연이 짧아요.

용건을 빠뜨리지 않고 다 썼으면 내용이 좀 짧아도 괜찮습니다. 그런데 그 용건이 구체적으로 드러나 있지 않으면 자세하게 쓰도록 합니다. 예를 들어 사과하는 편지를 쓴다면 '미안하다.'는 말만 쓸 게 아니라 어떤 일로, 어떤 점 때문에 미안한지 쓰는 것입니다. 그리고 앞으로 어떻게 할지도 덧붙여야지요. 아이를 지도할 때는 "좀 더 자세히 써 봐."라고 지시하기보다 **추가할 내용에 대해 힌트를 주거나 구체적인 질문을 통해 내용을 보충하도록** 합니다.

◁┅┅◁ 편지 독서록은 어떻게 쓰나요?

먼저 누구에게 쓸지 대상을 정합니다. 주인공이나 그 외의 등장인물, 지은이, 이 책을 추천해 주고 싶은 사람 등에게 쓸 수 있습니다. 주인공이나 등장인물에게 쓸 때는 **책에 나온 인상적인 행동이나 말을 언급하며 그 의미나 이유를 나름 추론한 내용을 쓰고, 그 외 궁금한 점, 충고할 점, 조언, 칭찬할 점, 바라는 점 등을 씁니다.** 지은이에게 쓸 때는 책을 쓴 의도와 주제에 대한 나의 추론, 재미있게 읽은 부분, 책에 대해 궁금한 점, 아쉬운 점, 다음 책에 대한 기대 등을 씁니다. 다른 독자에게 쓸 때는 무엇에 대한 책이고 어떤 내용인지 아주 간단히 언급한 뒤, 이 책을 추천하는 이유와 책의 매력, 책을 읽을 때 주의할 점 등을 덧붙입니다.

⊂⊢⊣⊣ 형식은 꼭 지켜야 하나요?

편지는 격식을 차려야 하는 글이기 때문에 될 수 있으면 '서두-본문-결미'의 형식을 지키는 것이 좋습니다. 단, 일기나 독서록을 쓸 때는 부르는 말을 쓴 뒤 인사나 안부 없이 바로 용건을 써도 괜찮습니다.

⊂⊢⊣⊣ 높임말을 꼭 써야 하나요?

손윗사람에게 쓸 때는 당연히 높임말을 써야 합니다. 가족끼리는 높임말을 거의 쓰지 않는데 편지를 쓸 때는 예의를 지키는 것이 좋습니다. 또래라면 말을 놓아도 되는데, 그래도 기본 예의는 지킵니다.

⊂⊢⊣⊣ 또 어떤 글을 편지 형식으로 쓸 수 있을까요?

기행문이나 견학문, 설명문, 안내문 등도 편지 형식으로 쓸 수 있습니다. 특히 기행문은 친구나 가족에게 여행지에서 편지를 쓰는 것처럼 쓰면 감성이 더 잘 살아나지요. 여행지에서 보고 듣고 겪은 것을 전하고 그에 대한 감상과, 편지를 읽는 이에 대한 그리움을 담아 봅니다.

⊂⊢⊣⊣ 이메일은 어떤가요?

전자우편을 통해 소식을 주고받는 대상이 있으면 참 좋습니다. 아무래도 간편하고 더 빠르기 때문이지요. 단, 이메일을 쓸 때도 편지의 기본 형식과 격식은 지키도록 합니다.

나에게 맞는
과학책부터 읽기!
과학 독후감 쓰기

과학 독후감 쓰기 대회를 준비하기 위해서는 먼저
아이가 흥미를 느낄 만한 과학책부터 골라 읽도록
해야 합니다.

05

마음 준비하기

4월이 되면 학교에서 과학의 달 행사를 크게 열지요? 그때마다 빠지지 않고 열리는 대회가 바로 '과학 독후감 쓰기 대회'입니다. 말 그대로 과학책을 읽고 감상문을 쓰는 것이지요.

하지만 아이들은 과학책 읽는 것을 그리 좋아하지 않아요. 과학에 흥미를 느끼는 몇몇 아이들을 제외하고는 대부분 재미없고 어렵다고 말하지요. 또 어떤 과학책을 읽어야 하는지도 막막해요.

그래서 과학 독후감 대회를 준비하기 위해서는 먼저 아이가 흥미를 느낄 만한 과학책부터 선정해 읽도록 하는 것이 중요합니다.

과학을 좋아하고 흥미있어 하는 아이는 과학 지식책이 적합합니다. 아이가 평소 관심을 갖는 분야의 책이나 최근 학교에서 배운 내용을 좀 더 전문적으로 다룬 책을 선택하면 잘 쓸 수 있을 거예요. 좀 더 욕심을 낸다면 최근의 과학 이슈가 무엇인지 살펴보고 아이 수준에서 그와 관련하여 읽을 만한 책을 선정하면 더욱 좋습니다.

이 반대의 경우라면 과학 동화책이 좋겠지요? 지식보다 이야기가 더욱 강조된 책이 좋아요. 공상과학 동화나 환경 동화를 골라 아이가 재미있게 읽을 수 있도록 해 줍니다.

과학 독후감을 쓸 때 제일 중요한 건 새로 알게 된 점을 구체적으로 쓰는 거랍니다. 그리고 과학에 대한 태도나 느낌이 어떻게 변했는지 책을 읽기 전과 후를 비교해 쓰면 감상이 더욱 뚜렷해지지요. 어렵다고 피하거나 포기하지 말고 차근차근 준비해서 도전해 봅니다.

끈기 있는 탐구가 위대한 발명품을 만든다!

6학년 조현수

우리 주변을 보면 신기한 발명품들이 아주 많다. 요즘에는 컴퓨터, 휴대폰 등이 제일 놀라운 발명품으로 꼽힌다. 그런데 불과 100년 전만 해도 전구나 영화가 신기한 발명품이었다고 한다. 사람들은 어떻게 이런 뛰어난 물건들을 발명할 수 있었을까? 〈우연한 발견을 위대한 발명으로〉라는 책에 그 답이 나와 있었다. 인류의 역사를 바꾼 위대한 발명이 사실은 작은 우연에서 시작되었다는 사실은 나를 매우 놀라게 했다.

종두법을 개발한 제너만 해도 그렇다. 제너는 오랫동안 천연두를 연구했는데 우연히 소가 걸리는 우두가 사람에게 전염되면 천연두가 가볍게 낫는다는 사실을 발견하고는 꼬리에 꼬리를 물어 연구를 했다. 그 결과 마침내 종두법을 발명했다.

화약도 아주 우연한 기회에 발명이 되었다. 약절구에 여러 물질을 섞어 약을 빻다가 잠시 뚜껑을 덮고는 아무 생각 없이 그 주위에서 부싯돌을 켰다가 아이디어를 얻게 되었다. 부싯돌을 켜는 순간 갑자기 덮어 놓았던 돌멩이가 지붕으로 튀어 올라 커다란 구멍을 뚫어 놓은 걸 보고 화약을 발명할 생각을 했다고 한다. 이것을 응용해 나중에 대포도 만들었다.

하지만 발명품이 나오기까지 순전히 우연적인 일들만 있었던 것은 아니다. 그보다 더 중요한 건 우연한 발견을 끈기 있게 탐구하여 발명으로 연결한 것이다. 아무리 좋은 아이디어도 그것을 실현하기 위해 실험하고 연구하지 않으면 가치가 없다. 발명은 하루아침에 이루어진 것이 아니다. 꾸준히, 그리고 열성을 다해 노력했을 때 우연은 위대한 발명이 된다는 사실을 다시 한 번 깨달았다.

❯ 첫부분을 질문 형식으로 써서 책에 대한 호기심을 자극하고 있고, 마지막 부분에 글의 주제를 강조하여 완결성을 높이고 있습니다.

닉 아놀드 아저씨에게

3학년 이가온

안녕하세요? 저는 서울에 사는 이가온이라고 해요. 이번에 아저씨께서 쓰신 〈벌레가 벌렁벌렁〉이라는 책을 읽고 많은 것을 배우고 느꼈어요. 당연히 곤충에 대해 많이 알게 되었지요. 또 타란툴라 거미에게 물려도 생명에 지장이 없는지 알아보려고 실험을 하는 모습 등에서는 과학자에게도 용기가 필요하다는 걸 느꼈어요.

아저씨, 저는 몇몇 곤충에 대해 관심이 많아요. 제가 제일 좋아하는 곤충은 장수풍뎅이와 사슴벌레, 그리고 사마귀예요. 그런데 이 책에는 이 곤충들에 대해서는 자세히 안 나와 있어서 조금 실망을 했어요. 하지만 잘 몰랐던 곤충들과 별로 좋아하지 않은 곤충들에 대해 알게 되어 재미있었고 관심도 많이 생겼어요.

지네와 노래기가 정말 그렇게 잔인한지 이 책을 읽고 알게 되었어요. 제가 어렸을 때 지네를 가지고 놀았거든요. 잘못하면 아주 큰일 날 뻔했어요. 달팽이 부분도 재미있었어요. 달팽이는 정말 느려요. 비오는 날 밖에 나가 달팽이를 잡아서 집에 데리고 온 적이 있는데, 아주 느릿느릿 기어서 답답했어요. 참, 민달팽이에 대해서는 이 책에서 처음 알게 되었어요. 전에는 집이 부서진 달팽이라고 생각했는데, 아니라는 걸 알게 되었어요.

이 책은 저에게 많은 도움을 주었답니다. 이렇게 재미있으면서도 자세한 과학책은 처음이라 다음에 또 다른 시리즈를 읽고 싶어요. 또 아저씨처럼 어려운 과학을 쉽고 재미있게 쓰는 과학 이야기 책 작가가 되고 싶기도 해요. 그럼 저처럼 과학에 대해 잘 모르는 어린이들에게 큰 도움을 줄 수 있을 거예요. 앞으로도 재미있는 과학책 많이 써 주시길 기대할게요!

> 저자에게 보내는 편지 형식으로 썼습니다. 저자가 유명하다면 책을 읽은 소감과 새로 알게 된 점, 책에 대한 긍정적인 평가를 담은 편지 형식의 독후감이 참신한 느낌을 줄 수 있습니다.

 "과학 동화책은 어때?"

과학 독후감은 보통 대회 날 학교에서 직접 쓰는 경우가 많습니다. 하지만 집에서 미리 준비하고 연습하면 더 좋은 결과를 얻을 수 있지요. 따라서 아이와 상의해서 아이 수준에 맞는 책을 미리 정해 읽고 간단한 대화를 통해 어떤 내용을 쓸지 정해 봅니다. 과학책에는 아주 많은 양의 지식과 정보가 들어 있기 때문에 내용을 전부 요약하는 것은 불가능합니다. 따라서 어떤 내용 중심으로 쓸지 미리 정해야 통일성을 갖춘 독후감을 쓸 수 있습니다.

"이 책의 내용과 관련된 일부터 써 볼까?"

아이들은 대체로 책을 읽게 된 동기를 좀 뻔하게 쓰는 편입니다. 보통 누가 추천해서, 표지가 마음에 들어서, 어떤 내용인지 궁금해서, 학교 숙제 때문에 쓰게 되었다는 식으로 쓰지요. 다음을 참고하여 좀 더 구체적이고 직접적인 내용을 써 보세요. 두세 가지 동기를 함께 쓸 수 있습니다.

- 학교에서 배운 어떤 과학 지식 중에 잘 이해가 되지 않는 부분에 대해 더 자세하고 깊은 내용을 알고 싶어서
- 생활 속에서 겪은 어떤 자연 현상에 숨겨진 과학 원리를 알고 싶어서
- 요즘 문제가 되고 있는 과학 이슈에 대해 자세히 알고 대안을 생각해 보기 위해서
- 꿈이 과학자여서 관련 분야에 대해 지식을 조금씩 쌓아가기 위해
  (* 어떤 분야를 연구하는 과학자가 되고 싶은지 구체적으로 씁니다. 예를 들어 화학자, 생명공학자, 물리학자, 천문학자, 지질학자 등이 있습니다. 이때 이런 꿈과 관련된 과학책을 선택하는 것이 좋습니다.)

3 **"무엇에 대한 책인지 간단히 요약하자."**

동기를 다 쓰면 줄을 바꿔 어떤 분야의 무엇에 관한 책인지 간단히 씁니다. 책의 표지나 머리말을 참고하면 핵심 내용을 찾을 수 있습니다. 그 다음에는 책을 읽은 전체적인 소감이나 느낌을 단도직입적으로 밝힙니다. '무엇 무엇에 대해 알게 되었다.' '어떤 생각을 갖게 되었다.'는 식으로 한두 문장 정도로만 간단히 씁니다. 그래야 이어질 내용을 이와 관련된 구체적인 지식으로 자연스럽게 연결할 수 있습니다.

4 **"새로 알게 된 점이 있지?"**

앞에서 간단히 적은 소감, 즉 독후감의 주제와 관련된 구체적인 내용을 몇 가지 찾아 요약 정리합니다. 아이가 새로 알게 된 지식, 더 정확하고 깊이 있게 알게 된 지식, 인상에 남는 지식 중심으로 요약하면 좋습니다.

5 **"과학에 대한 생각이 어떻게 달라졌니?"**

책을 읽기 전과 읽은 후 나의 과학 지식이나 과학에 대한 태도 및 느낌 등이 어떻게 달라졌는지 씁니다. 과학이 우리 생활과는 그리 관련이 없을 줄 알았는데 이 책을 읽고 우리 생활과 밀접하나는 것을 알게 되었다는 내용이나, 책을 통해 내 주변에서 일어나는 일들의 원인과 그 의미를 알게 되어 세상을 보는 눈이 밝아진 것 같다는 식의 내용이면 좋습니다. 만약 동기에 과학자가 되고 싶다고 썼다면 어떤 연구를 하고 싶은지 계획을 적어 봅니다.

과학 만화책도 괜찮을까요?

과학과 관련된 내용이라면 만화책이나 분량이 적은 책도 괜찮습니다. 하지만 **여건이 된다면 이런 대회를 기회 삼아 아이의 과학책 읽기 수준을 제 학년에 맞게 올려 봅니다.** 만약 과학 만화책이나 짧은 분량의 책으로 쓰게 되면 그 책들만의 장점을 적어 봅니다. 과학 만화책의 경우는 어려운 과학 지식을 재미있는 스토리와 그림으로 전달하기 때문에 과학에 대한 흥미가 생기고 이해도 쉬울 수 있습니다. 한편 분량이 짧은 책은 한 가지 지식을 자세하고 구체적으로 보여 주므로 그 내용을 자세하게 요약합니다.

꼭 책을 읽은 동기를 써야 하나요?

그렇지 않습니다. 동기가 구태의연하고 뻔하다고 느껴지면 동기 대신 **평소 궁금하던 문제를 제기하는 형식으로 써 봅니다.** 예를 들어 기후와 날씨에 관한 책을 읽고 쓴다고 했을 때, '이 세상엔 보이지는 않지만 분명 존재하는 것이 있다. 바람도 그 중 하나이다. 그럼 도대체 이 바람의 정체는 뭘까? 왜 부는 걸까? 이런 궁금증을 품고 책장을 천천히 넘겨보았다.'와 같이 쓸 수 있습니다.

환경 독후감은 어떻게 쓰는 것이 좋을까요?

책에 나온 **환경 문제가 무엇인지 파악한 뒤 그 원인과 해결방안을 써 봅니다.** 그리고 자신이 생활 속에서 어떻게 그것을 실천할지 다짐과 계획도 적어 봅니다. 인간중심적인 사고와 과학기술에 대한 반성을 쓰는 것도 좋습니다.

분량과 주제를 확인하고 아이에게 맞는 책을 골라 봅니다.

* 과학 지식책 *

1. 〈날씨를 바꾸는 요술쟁이 바람〉(허창회/풀빛/108쪽)
2. 〈부글부글 땅 속의 비밀 화산과 지진〉(함석진/웅진주니어/108쪽)
3. 〈인간의 오랜 친구 미생물 이야기〉(외르크 블레히/웅진주니어/119쪽)
4. 〈나한테 화학이 쏟아져〉(김희정/토토북/136쪽)
5. 〈돼지 삼총사 와글와글 물리캠프〉(로베르트 크리스벡/다림/160쪽)
6. 〈최열 아저씨의 지구촌 환경 이야기〉(최열/청년사/168쪽)
7. 〈과학시간에 함께 읽는 에너지 교과서〉(안드레아스 크니게/주니어김영사/179쪽)
8. 〈권오길 선생님이 들려주는 놀라운 인체 이야기〉(권오길/애플비/216쪽)
9. 〈프리스틀리가 들려주는 산소와 이산화탄소 이야기〉(양일호/자음과모음/151쪽)
10. 〈어린이를 위한 우리의 선택〉(앨 고어/주니어중앙/212쪽)

* 과학 동화책 *

1. 〈아빠 몸 속을 청소한 키모〉(이영/예림당/156쪽)
2. 〈꿈꾸는 요요〉(홍윤희/대교출판/192쪽)
3. 〈제키의 지구 여행〉(문선이/길벗어린이/208쪽)
4. 〈버들붕어 하킴〉(박윤규/푸른숲주니어/216쪽)
5. 〈물리대소동〉(코라 리/다산어린이/172쪽)

경청

질문으로 아이의 생각을 이끌어내는 대화를 시작했다면,
정말 쓸거리를 생각해 내기까지 어떤 태도를 유지해야 할까요?

이건 매우 중요하고도 어려운 문제입니다. 왜냐하면 아이가 생각을
이어나가 마침내 쓸거리를 찾는 건 순전히 들어주는 사람에게
달렸기 때문입니다.

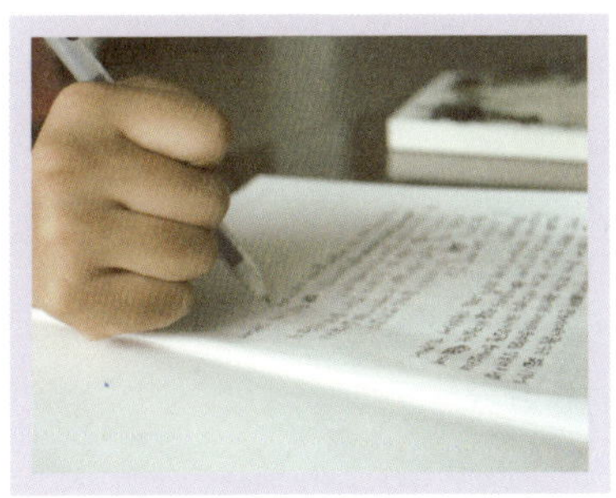

그런데 아이의 말은 끝까지 참고 들어주기 힘든 경우가 많습니다.
자꾸 삼천포로 빠지고 횡설수설 하니까요.
그러면 또 슬슬 조급함이 밀려오면서 화가 치밀지요.
그러다 마침내 이런 말을 내뱉어 버립니다.

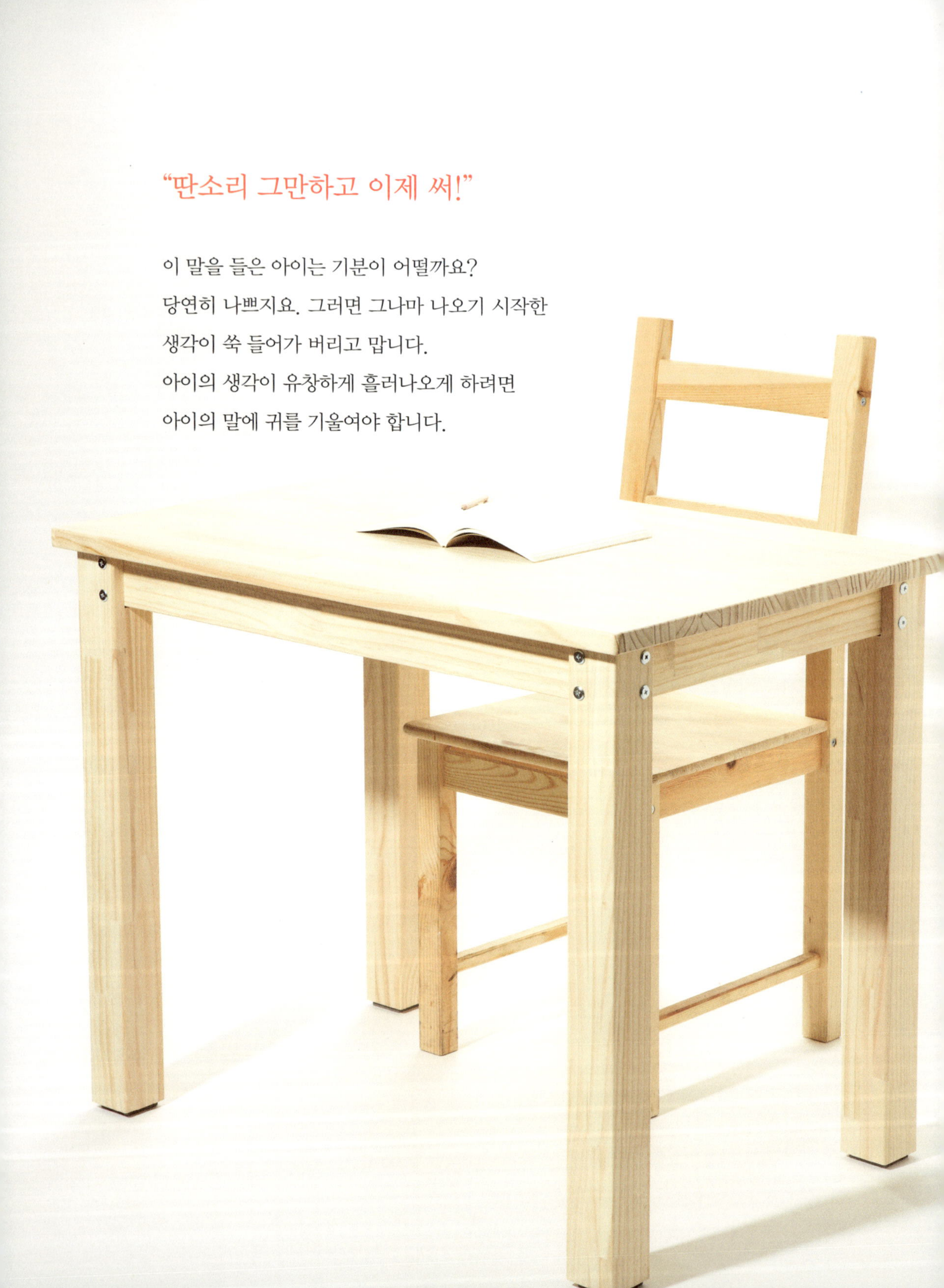

"딴소리 그만하고 이제 써!"

이 말을 들은 아이는 기분이 어떨까요?
당연히 나쁘지요. 그러면 그나마 나오기 시작한
생각이 쑥 들어가 버리고 맙니다.
아이의 생각이 유창하게 흘러나오게 하려면
아이의 말에 귀를 기울여야 합니다.

아이에게로 몸을 돌리고 아이의 눈을 보고 아이의 말에 고개를 끄덕이며 맞
장구도 쳐 주고 내 생각도 중간 중간 얘기하세요.
‘너의 말은 참 재미있구나.’
‘너의 말은 정말 들을 가치가 있구나.’
하는 태도를 보여 주세요. 그러다 글쓰기에 적합한 소재를 말한다면,
"아주 좋은 생각인데? 그걸로 한번 써 볼까? 아주 재밌는 글이 될 것 같아."
하고 말하며 확신을 심어 줍니다.

아이가 글을 쓸 때 딴청을 피운다고 잔소리를 하기 전에,
내가 먼저 딴청을 피우지 말고 아이의 말을 집중하여 들어 주세요.

하고 싶은 말에 이유를 붙여! 논설문 쓰기

아이가 논설문의 주제를 자신의 삶 속에서 고민하고,
해결법을 찾고, 나아가 실천할 수 있도록 격려해 줍니다.

06

마음 준비하기

글쓰기 특강을 하다 보면 종종 이런 질문이 나옵니다.

"논술은 언제부터 시작해야 하나요?"

"유아 논술은 어떻게 해야 하나요?"

한때 대학 입시에서 논술이 중요하다고 해서 조바심이 난 것 같아요. 하지만 이제는 더 이상 이런 걱정을 하지 않아도 됩니다. 논술고사가 점점 없어지는 추세니까요.

그렇다고 논리적인 생각, 논리적인 글쓰기, 논리적인 말하기에 아예 관심을 끊는 건 안 됩니다. 논술이 없어지는 대신 구술 면접이 있고, 수준 높은 공부를 하기 위해서는 논리적인 사고와 표현 방법을 익혀야 하기 때문입니다.

그런데 아이들은 아직 논리적으로 생각하는 것이 서툽니다. 어떤 문제에 대해 자기 '생각'을 떠올리는 것도 어려워하고, 설령 주장이 생각났다고 하더라도 그것을 뒷받침하는 적합한 근거를 찾는 것도 힘들어하지요.

이럴 때 아이에게 "너는 왜 생각이 없어?"나 "그런 건 이유가 안 돼!"라고 말하면 안 되겠지요? 꼬치꼬치 따지거나 캐묻지 말고 생각을 끄집어내는 대화를 차분히 나눠 보세요. 어른도 평소 생각해 보지 않은 문제에 대해 질문을 받으면 난처하기는 마찬가지지요.

논설문을 지도할 때는 아이에게 충분히 생각할 시간을 주고, 다양한 매체에서 근거를 찾을 수 있도록 도와주세요. 그리고 아이가 논설문의 주제를 자신의 삶 속에서 고민하고, 해결법을 찾고, 나아가 실천할 수 있도록 격려해 줍니다. 그러면 아이의 생각뿐만 아니라 태도와 행동까지 근사하게 변할 거예요.

숙제를 미리 하자

2학년 김보미

어린이들은 학교에서 돌아오면 숙제를 바로 하는 것이 좋다고 생각한다. 왜냐하면 숙제는 학교에 꼭 해가야 하기 때문이다. 그리고 놀기부터 하면 마음이 편하지 않다. 또 엄마한테 혼나기도 한다. 어떤 때는 숙제를 미리 해 놓지 않고 놀기만 하다가 잊어버리고 잠을 자기도 한다. 전에 독후감 숙제를 미리 하지 않고 자버려서 학교에서 혼난 적도 있다. 그래서 숙제가 있으면 숙제 먼저 하고 노는 것이 좋다고 생각한다.

> 아직 저학년인데 근거를 구체적으로 찾은 점이 돋보입니다.

남의 물건을 잘 돌려주자

3학년 박형준

나는 친구에게 게임시디를 잘 빌려준다. 그런데 어떤 친구는 고장 내서 돌려주기도 한다. 그리고 학교에서 수첩이나 연필을 잃어버렸을 때 잘 안 돌려주는 친구도 있다. 자신의 물건을 잘 안 챙기는 친구도 문제지만 남의 물건을 주웠으면 주인을 찾아 돌려주는 것이 좋다. 또 친구들끼리 책을 빌려주거나, 물건을 같이 사용할 때 서로 깨끗이 쓰고 잘 돌려주는 것도 중요한 일이라고 생각한다.

> 사례를 다양하게 들어 주장하고 있습니다. 그런데 이유는 제대로 제시되어 있지 않네요.

가치 있게 써야 돈이다

5학년 조승준

　얼마 전 뉴스를 보았는데 기아로 죽어 가는 아프리카 난민 어린이 한 명을 살리는 데 800원만 있으면 된다고 했다. 그 보도를 보면서 나는 가슴이 뜨끔했다. 며칠 동안 부모님께 최신 게임기를 사달라고 조르고 있었기 때문이다. 난민 어린이들은 꼭 필요한 만큼도 먹지 못하는데, 나는 게임기에 욕심을 부리고 있었던 것이다. 과연 나는 돈을 가치 있게 쓰는 걸까?

　평소 나는 부모님이 돈이 없다고 내가 원하는 물건을 안 사주시면 고집을 부려서 끝내는 사 주시도록 하는 편이다. 사실 내가 가지고 있는 최신 게임기나 유명 상표 운동화는 반드시 필요한 물건도 아니다. 게임은 스마트폰으로도 할 수 있고, 운동화는 이미 몇 켤레 있다.

　이처럼 꼭 필요한 물건인지 깊이 생각하지 않고 무조건 사는 것은 의미 있게 돈을 쓰는 행동이 아니다. 또 개인의 욕심을 채우기 위해서만 돈을 쓰는 것도 옳지 않다. 돈을 주고받으며 부정한 이익을 챙기는 어른들은 돈을 더럽게 쓰는 것이다. 평생 모은 재산을 기꺼이 장학금이나 어려운 이웃을 위해 내놓는 사람들이야말로 돈을 가치 있게 쓰는 경우다.

　앞으로는 나의 겉모습을 멋있게 치장할 때보다 내가 정말 원하고 필요로 할 때 신중하게 돈을 쓰겠다. 그리고 돈의 가치를 다른 사람들과도 나누고 싶다.

❯ 최근의 뉴스 보도와 개인의 경험으로 서론을 시작하는 점이 흥미롭습니다. 왜 돈을 가치 있게 써야 하는지에 대한 이유와 근거가 좀 더 분명히 제시되어야 합니다.

"어떤 주장을 할지 생각부터 정리해 보자."

① 주제를 정해요

먼저 어떤 주장을 하고 싶은지 주제를 정합니다. 어려운 주제보다 평소에 겪을 수 있는 쉬운 주제를 정하세요. 설령 사회 문제에 대해 쓰는 숙제라 하더라도 일상생활과 관련지어 구체적으로 생각하는 것이 좋습니다. 이렇게 주변의 일들부터 자기 입장을 정하다가 차차 사회적인 문제, 세계적인 문제로 관심을 넓혀 봅니다.

 **주제 보기**

- 게임을 적당히 하자
- 친구를 따돌리지 말자
- 수업 시간에 조용히 하자
- 좋은 회장이란?
- 어린이의 스마트폰 사용에 대해
- 다른 사람의 글을 베끼는 것에 대해

② 주장에 대한 이유와 예시를 찾아요

주장을 정한 다음엔 그것을 뒷받침하는 근거를 찾습니다. 그런데 아이들은 '주장을 뒷받침하다'는 말을 어려워합니다. 그래서 아이의 주장에 대해 "왜 그렇게 생각해?" "예를 들어 어떤 경우가 있을까?" "그렇게 하지 않으면 어떤 문제가 생길까?" 등의 구체적인 질문을 통해 근거를 찾을 수 있도록 돕습니다. 근거는 순전히 머릿속으로만 생각하기보다 책, 신문, 인터넷, 경험 등에서 다양하고 풍부하게 찾아보도록 합니다. 이를 위해 평소 신문이나 뉴스를 함께 보며 이야기를 나누는 것이 도움이 될 것입니다.

① 서론 쓰기

서론은 논설문의 첫 부분으로서 글의 길잡이 역할을 합니다. 글을 쓰게 된 동기와 목적, 문제가 드러나야 합니다. 다음의 세 가지 방법으로 쓸 수 있습니다.

{
첫째, 나의 생활 경험을 쓰는 경우
둘째, 들은 것이나 읽은 것 또는 배운 내용으로 쓰는 경우
셋째, 설명식으로 쓰는 경우
}

② 본론 쓰기

본론은 주장하고자 하는 내용을 자세히 쓰는 부분입니다. 글을 전개할 때는 중심문장과 그것을 뒷받침하는 보조문장으로 나눠서 써야 합니다. 중심문장은 작은 주제를 담고 있는 문장이고, 보조문장은 그것을 자세히 풀어서 뒷받침해 주는 문장입니다. 글을 쓰기에 앞서 정한 주제와 그것을 뒷받침하는 근거(이유와 예시)를 쓰면 됩니다.

③ 결론 쓰기

결론은 논설문의 마지막 부분입니다. 본론 내용을 요약하고 정리하는 내용이 들어가면 됩니다. 그리고 다시 한 번 주장을 강조하면서 글을 끝마칩니다.

"역시 아주 멋진 생각이구나!"

글을 다 쓴 다음에는 소리 내어 읽어 보게 한 뒤, 참신한 생각이나 표현, 마음에 드는 부분을 찾아 칭찬하고 격려해 줍니다. 아이 글을 읽기 전과 후에 생각이 어떻게 달라졌는지 말해 주는 것도 좋습니다.

◁┅┅◁ 아이의 논리력과 비판력을 기르는 방법이 있나요?

논리력이란 주장에 타당한 근거를 대는 능력이고, 비판력이란 다양한 관점에서 문제를 찾는 것을 말해요. 이 두 가지 사고력을 기르기 위해서는 **독서와 토론을 병행**해야 합니다.

① 어떤 한 주제에 대해 찬성과 반대의 이유 각각 세 가지씩 찾기

② 이솝우화에 나온 이야기들을 반박하기

③ 책 속 주인공의 잘못 지적하기

④ 일기를 쓸 때 문제의 원인을 찾아 그 해결법을 생각해 보기

◁┅┅◁ 신문 사설이 논설문 쓰기에 도움이 될까요?

신문이 교육에 전반적으로 도움이 되는 것은 분명하지만, 사설은 조금 생각해 볼 필요가 있습니다. 왜냐하면 이성보다는 감정에 치우친 면에 많고, 글쓰기에서 지양해야 할 표현도 자주 쓰이기 때문입니다. 그리고 한 개인이 자기 이름을 걸고 쓴 글이 아니라 신문사의 입장을 대변한 글이므로 관점이 편파적이기도 합니다. **사설보다는 기명 칼럼을 읽히는 것이 좋습니다.**

◁┅┅◁ 아이가 논리적으로 생각하는 걸 싫어해요

보통 우뇌형 아이, 학습 스트레스가 많은 아이는 논리적이고 분석적으로 사고하는 걸 꺼려합니다. 따라서 아이가 어떤 타입에 해당하는지 살펴보고 그에 맞게 처신해야 겠지요. 우뇌형 아이는 **사회 문제보다 자신이 좋아하는 것, 싫어하는 것들에 대한 이유를 써 보게 하고, 스트레스가 많은 아이는 그것부터 해결해 주세요.**

◁⊪⊪◁ **논설문을 쓸 때 이런 표현은 자제해요**

논설문을 쓸 때는 표현에 제약이 따릅니다. 문학작품처럼 **비유적인 표현이나 상징적인 표현을 쓰면 내용이 명료하게 드러나지 않기 때문입니다.** 하지만 아이들은 어휘나 표현에 너무 제약을 받으면 글쓰기에 대한 흥미와 자신감이 떨어질 수 있습니다. 따라서 한꺼번에 고치려 하지 말고 다음 사항에서 아이가 빈번하게 저지르는 실수부터 천천히 고쳐나가도록 합니다.

〈논설문 표현 시 주의할 점〉

- 중심 용어는 일관되게 같은 어휘로 표현하기
- '나'라는 말 쓰지 않기
- 한 문장에 한 가지 생각 담기
- 문장은 주어와 서술어가 하나씩 들어가게 짧게 쓰기
- '~인 것 같다.' '~라고 생각한다.'는 표현 쓰지 않기
- 꾸미는 말 많이 쓰지 않기

◁⊪⊪◁ **어떤 논설문이 잘 쓴 논설문인가요?**

뻔한 글이 아닌 창의적인 글입니다. **주장이 새롭고 참신하면 가장 좋고, 이것이 어려우면 주장을 뒷받침하는 근거가 참신하면 좋습니다.** 그 다음 주장이 분명하게 드러나야 합니다. 둘 다 좋다는 양시론이나 둘 다 나쁘다는 양비론은 안 됩니다. 한 가지 입장을 정해 확실히 밀고 나가야 합니다. 마지막으로 근거가 주장을 뒷받침하기에 타당해야 하고 풍부해야 합니다. 신문, 인터넷, 책, 경험 등에서 다양하게 찾아 근거를 들도록 합니다.

미움은 가고 평화는 오라~

통일과 안보 글짓기

열린 자세로 아이와 진지한 대화를 나눠 봅니다.
무조건 통일을 해야 한다거나, 반대로 북한이 나쁘다는
식의 태도는 바람직하지 않습니다.

07

마음 준비하기

　　　　　우리가 어렸을 때도 현충일을 전후로 학교에서 통일 글짓기나 6·25 전쟁 글짓기를 했을 것입니다. 그때 어떤 글을 썼는지 기억이 나나요? 만약 기억이 난다면 아이 지도에 큰 도움이 될 거예요. 우리 아이들도 여전히 이 주제로 글을 쓰고 있으니까요.

　4월에 과학 독후감 쓰기 대회가 있다면, 5월이나 6월엔 통일 글짓기 대회가 있습니다. 전쟁과 분단, 그리고 통일과 여러 가지 남북문제에 대해 검토한 뒤 한 가지 주제를 골라 쓰는 것이지요.

　아이들은 조금 버겁겠지만 교육적으로 보자면 매우 의미 있는 대회랍니다. 어쨌든 지금 아이들이 미래의 한국을 이끌어갈 테니까요. 그러면 미리부터 우리 민족의 문제에 관심을 갖고 나름의 해결법을 찾아나가는 노력을 기울여야 합니다. 그래야 나중에 어떤 기회가 주어졌을 때 망설임 없이 잡을 수 있겠지요? 통일의 주역이 될 수도 있고요.

　그래서 이 글쓰기를 할 때는 특별히 더욱 시간을 들여 아이와 통일과 남북문제에 대해 대화를 나눠 봅니다. 관심도 없고 배경지식도 별로 없다고요? 괜찮습니다. 열린 자세로 진지하게 아이의 생각을 듣고 내 의견도 솔직하게 말하면 됩니다. 무조건 통일을 해야 한다거나, 반대로 북한이 나쁘다는 식의 태도를 버리고, 최근의 이슈를 하나 골라 얘기를 나눠 보세요.

　'핵무기 문제' '남북 경제 협력 문제' '북한 이탈자 문제' '새터민 문제' '서해안 대치 상황 문제' 등 아이와 함께 생각해 볼 문제는 널려 있습니다. 아이가 관심을 보이는 문제에 대해 얘기를 나누고 그것을 소재로 써 보세요.

마음의 장벽을 없애야 진정한 통일

6학년 이해인

독일을 동서로 나눈 베를린 장벽이 무너지는 영상을 보았다. 서독과 동독 사람들이 직접 망치로 손으로 돌멩이로 장벽을 부수었다. 마침내 장벽이 다 허물어지자 양쪽의 사람들이 서로 건너오고 건너가며 얼싸안고 기뻐하였다. 그들이 환하게 웃는 모습이 아직까지 잊히지 않는다. 우리는 언제쯤 전 세계에 그런 모습을 보여 줄 수 있을까?

이 영상을 계기로 독일의 통일에 대해 조사해 보았다. '타산지석'이라는 말처럼 그들의 통일 과정에서 분명 배울 점이 있을 것이라고 생각했기 때문이다. 그런데 조사를 하면서 내 마음을 잡은 것은 통일이 되기까지의 과정이 아니라 그 후의 독일 상황이었다. 통일로 장벽이 무너진 게 아니라 오히려 더 높고 단단한 장벽이 쌓였던 것이다. 그것은 바로 '마음의 장벽'이었다.

독일은 통일을 이루기 위해 매우 치밀하게 준비하고 노력했다. 동독주민들은 텔레비전을 통해 서독방송을 시청했고, 서독주민들은 동독을 여행하며 동독의 실상을 자연스럽게 접했다. 경제적인 협력뿐만 아니라 정치적인 협력, 문화적인 협력 등 전 분야에서 교류와 협력이 이루어졌다.

하지만 막상 통일이 되고 보니 문제는 전혀 다른 데서 터졌다. 서독주민들이 동독주민들을 무시하고 그들의 생활을 바꾸기를 은근히 강요한 것이다. 그들 자신은 동독의 그 어떤 것도 배우지 않고 변하지 않으면서 말이다. 이런 서독인의 태도가 동독인의 불만을 가져왔다. 그래서 통일 뒤 독일은 나라는 하나가 되었지만 마음은 여전히 나뉘어져 있고, 불신과 불만만 더 커져서 사회 통합이 어려웠다.

서독주민들이 우월감을 갖게 된 이유는 통일 전에 '서독은 민주주의, 동독은 독재', '서독은 자유, 동독은 억압', 그래서 '서독은 좋고 동독은 나쁘다'는 식의 이분법적 교육을 받았기 때문이라고 한다. 동독을 있는 그대로 인정한 것이 아니라 부정적으로만 본 것이었다. 그러다 보니 동독주민들 나름의 문화와 생활방식을 이해하지 못했고, 그들도 행복하게 희망을 가지고 살았음을 인정하지 않았다.

동독이 서독에 비해 자유롭지 못한 것은 사실이지만, 주민들끼리 서로 돕고 의지하는 소박한 문화가 있었다. 물질적으로 풍요롭지 않아도 경쟁과 이기주의는 거의 없었다고 한다. 동독주민들은 통일 후에야 이것이 얼마나 소중한 가치인지 깨달았고, 서독주민들의 오만한 태도에 우울한 생활을 하게 되었다. 지금은 독일이 이 문제를 깊이 인식해 많이 바뀌었다고 한다. 물리적인 장벽을 무너뜨리는 데 20년 걸렸다면 마음의 장벽을 허무는 데는 그 이상의 시간과 노력이 필요했다고 한다.

독일 통일은 우리에게 정말 많은 교훈을 준다. 특히 우리가 배울 점은 마음의 장벽을 없애는 것이 얼마나 중요한가 하는 것이다. 남한 사람과 북한 사람의 마음이 하나가 되지 못하면 절름발이 통일일 뿐이다. 독일의 실수를 따라하지 않기 위해서는 남한에서는 '북한 바로 보기'를, 북한에서는 '남한 바로 보기'를 교육해야 한다.

우리나라에는 북한에서 이탈한 주민들이 제법 있다. 이들을 있는 그대로 이해하고 존중하는 일부터 시작해 보자. 모두가 똑같은 사람으로서 각자 자기 삶의 좋은 면과 나쁜 면을 모두 가지고 있다. 나쁜 면을 들추어 지적하고 없애라고 강요하기보다 좋은 면을 발굴하여 우리가 이해할 점과 배울 점이 없는지 알아야 한다. 그래야 그들도 진심으로 우리의 좋은 점을 배우고 따라하려고 노력할 것이다. 서로를 있는 그대로 보고 존중하는 노력이 진짜 하나의 대한민국을 만드는 지름길임을 잊지 말아야 한다.

통일의 날, 한반도를 가르는 삼팔선과 함께 우리 마음의 삼팔선까지 모두 끊어지길 바란다.

---

1 "통일로 쓸까, 나라 지키기로 쓸까?"

주제는 보통 '통일, 6·25 전쟁, 호국 안보, 한민족 공동체' 등으로 주어집니다. 이는 매우 포괄적이므로 구체적인 주제를 잡아야 합니다. 다음을 참고하세요.

 **주제 보기**

- **통일** : 통일을 해야 하는 이유와 방법, 통일을 이루기 위한 우리의 노력, 통일을 방해하는 것들 등
- **6·25 전쟁** : 전쟁의 비극과 참상, 전쟁의 교훈, 참전용사에 대한 고마움, 제2의 6·25 전쟁이 일어나지 않기 위해 노력할 점 등
- **호국 안보** : 북한의 핵무기 개발에 대해, 국군장병에 대한 고마움, 서해 교전 및 연평 해전 용사들을 기리며 등
- **한민족 공동체** : 북한 주민에 대한 이해, 새터민에 대한 이해와 관심, 남북한이 함께 이루어 나가야 할 일, 한민족의 문화와 장점 등

2 "뉴스에 나온 내용을 참고하자."

신문, TV, 인터넷, 책, 영화 등 다양한 방식으로 쓸거리를 찾습니다. 아이가 직접적인 관심과 흥미를 가질 수 있는 거리들을 찾는 것이 좋겠지요? 아이가 잘 떠올리지 못하면 이번 기회에 전쟁 박물관이나 통일 전망대, 거제 포로 수용소 등 관련 장소를 방문해 봅니다. 그러면 느끼는 점이 분명 있을 거예요. 이런 곳을 갈 때는 가기 전에 어떤 곳인지 간단히 얘기를 나누고, 가서도 천천히 대화를 하며 둘러보는 것이 좋답니다.

3 **"쓸 내용을 차근차근 정리해 보자."**

　　쓸 내용의 순서를 정하는 것입니다. 앞부분에 들어가면 좋을 내용, 중간 부분에 넣을 내용, 마지막 부분에 넣을 내용을 정하세요. 그리고 각 부분마다 분량을 정해야 합니다. 처음 부분과 마지막 부분은 각각 전체 분량의 1/5 이하가 적당하고, 중간 부분은 3/5~4/5 정도가 적당합니다. 원고지에 쓴다면 처음 부분 1.5~2장, 중간 부분 6~7장, 마지막 부분 1.5~2장을 쓰면 됩니다.

4 **"이제 글로 써 볼까?"**

　　개요를 짰으면 글을 쓰는 것이 아주 쉽습니다. 개요를 보고 살만 붙이면 되기 때문입니다. 문장을 쓸 때는 적절한 어휘를 선택하고 간결하게 쓰도록 하세요. 이어진 문장이 많으면 내용이 분명하게 전달되지 않는답니다. 문단을 구분하는 것에도 신경을 쓰도록 해요. 내용이 달라지면 줄을 바꿔 새로운 문단에 작성해야 합니다. 참, 수필 형식으로 쓸 때는 대화문을 넣는 것도 좋습니다. 장면이 더욱 생생하게 전달되기 때문이지요.

5 **"마지막 부분만 좀 보충하면 완벽해!"**

　　글을 다 쓰면 소리 내어 읽어 보게 하세요. 어색한 문장은 고치고 내용이 넘치거나 부실하면 수정합니다. 처음-중간-끝 분량이 적당한지도 다시 한 번 확인합니다.

아이가 북한을 매우 싫어해요.

미사일 발사나 핵무기 개발 등 북한의 도발이 뉴스에 자주 나오기 때문에 사실 북한에 대해 좋은 감정을 갖기는 어렵습니다. 그러나 이는 잘못된 감정은 아닙니다. 북한의 무력 도발은 분명 비판받아야 하기 때문입니다. 따라서 **아이와 이 부분에 대해 이야기를 나눌 때 북한의 지도층과 주민들을 나눠서 생각해 볼 수 있도록 합니다.** 잘못된 선택을 하는 지도층이 밉다고 전체 북한 사람들을 미워하는 태도를 가지면 안 된다고 말이지요.

통일을 이루는 방법은 어떻게 써야 하나요?

아이 입장에서 쓰는 것이 가장 중요합니다. 우리 사회가 함께 노력할 일, 어른들이 주도적으로 할 일도 쓰지만 **어린이가 할 수 있는 일들을 생각해 보도록 합니다.** 그래야 참신한 내용을 쓸 수 있습니다. 북한 지역에 전해오는 옛이야기 알기, 문화재 알기, 북한 아이들에게 편지 쓰기, 국제 구호 단체를 통해 후원하기, 북한에서 온 친구 사귀기 등이 있을 것입니다.

수필처럼 쓰고 싶은데 에피소드가 떠오르지 않아요.

글짓기는 수필처럼 실제 경험을 소재로 쓰면 가장 좋습니다. 금강산이나 백두산 여행을 다녀왔던 경험, 친척 중에 북에 가족을 두고 온 분이나 6·25 전쟁에 참전했던 분의 이야기를 들었던 일 등을 가지고 쓰면 아주 생생한 글이 되지요. 이런 경험이 없다면 **신문이나 TV에서 본 사건에 대해 아버지나 할아버지 등과 대화를 나눈 일을 자세하고 생생하게 쓰면 됩니다.**

⊃┼┼⊲ 내용을 지어서 써도 되나요?

좋은 방법입니다. 이웃 중에 이산가족이 있다거나 공원에서 놀다
가 다리를 절뚝거리는 할아버지를 만났는데 알고 보니 참전용사
였다는 등 **있을 법한 일을 상상해 보는 것입니다.** 아니면 단군
할아버지가 꿈에 나타나 통일에 대해 이야기했다는 설정도 재미
있을 것입니다. 실제 겪었던 일은 아니지만 진심과 진실을 담는
다면 아주 좋은 글이랍니다.

⊃┼┼⊲ 시로 쓸 때는 어떻게 해야 하나요?

시를 쓸 때는 먼저 어떤 상황이나 분위기 등을 상상하게 합니다. 가족을 두고 혼
자 남으로 오신 할머니, 휴전선 근처에서 국방의 의무를 다하는 군인, 아니면 허리
가 꽁꽁 묶여 몸이 자유롭지 않은 한반도 등 구체적인 상황을 설정합니다. 그리고
희망적인 마음을 담을지, 슬픈 마음을 담을지, 비판적인 마음을 담을지 정합니다.
그 다음 대강의 이야기를 지어서 간략하고 함축적인 표현으로 적으면 시가 됩니다.

⊃┼┼⊲ 통일에 대한 '나의 주장 발표대회'는 어떻게 준비해야 하나요?

논설문 쓰기의 방법에 따라 **원고부터 작성합니다.** 발표 시간에 맞게 분량을 적절히 조
절하세요. 막연한 내용의 글보다 최근 있었던 이슈를 소재로 한 구체적인 글이 좋습니다.
서론에 최근의 이슈를 언급하고, 본론에 이슈에 대한 나의 생각과 여기서 발전한 주장을
전개합니다. 이유나 방법을 제시할 때는 아이가 말하기 쉽게 '첫째, 둘째, 셋째' 등의 번호
를 붙여 씁니다. 글을 다 쓰고 나서는 소리 내어 읽으면서 어색한 문장을 고치고, 여러 번
읽어 꼭 암기를 시켜야 합니다. 그래야 대회에서 실수하지 않고 자신감 있게 말할 수 있습
니다. 표정이나 시선, 간단한 손동작 등도 함께 연습하세요.

당당하게 너를 소리쳐!
자기소개문 쓰기

살면서 겪은 어려움과 그것을 통해 깨달은 점들이
솔직하게 담겨 있는 자기소개서는 큰 울림을 주고
그 사람에게 긍정적인 관심을 갖게 합니다.

08

마음 준비하기

　요즘에는 아이나 어른이나 자기소개서를 쓸 일이 많지요? 어른이야 취업을 해야 하니까 그렇다지만 아이들은 왜 그러냐고요?

　멀리는 입학사정관제라는 입시 때문이고, 가까이는 영재 교육원 지원, 대회 및 캠프 참가 등을 위해서지요. 이때 정해진 양식의 자기소개서를 제출하도록 하고 있답니다. 물론 학급에 따라 학기 초에 자기소개를 시키는 선생님도 있고요.

　저도 독서지도사 강의나 논술지도사 강의를 할 때 가끔 수강생들에게 자기소개서 쓰기 과제를 낼 때가 있습니다. 처음엔 어렵다고 손사래를 치지만 막상 써 온 걸 읽으면 깜짝깜짝 놀랍니다. 다른 글은 아이들이 진솔하게 잘 쓰는데 자기소개서만큼은 이분들이 훨씬 잘 쓰기 때문입니다.

　왜 그런가 보았더니 이분들의 자기소개서에는 살면서 겪은 어려움과 그것을 통해 깨달은 점들이 솔직하게 담겨 있었습니다. 이런 자기소개서는 큰 울림을 주고 그 사람에게 긍정적인 관심을 갖게 합니다.

　아이들 자기소개서 지도를 할 때도 이 점을 잊지 마세요. 아이들 입장에서, 또 부모 입장에서 생각해 보면 근사하고 멋있는 내용을 적고 싶지만 그것만으로는 아이의 개성과 진면목이 드러나지 않습니다. 실패와 좌절과 절망을 솔직하게 쓰고, 그 의미와 극복 과정을 진솔하게 담을 때 가장 호소력 있는 자기소개서를 쓸 수 있답니다.

일반적인 자기소개문

2학년 서주아

안녕하세요? 저는 서주아입니다. 아버지, 어머니, 삼촌, 남동생과 함께 살고 있어요. 아버지는 저희와 잘 놀아주시고 어머니는 책을 많이 읽어 주셔요. 두 분은 공부보다 웃어른에게 공손하고 친구들과 잘 지내는 것을 중요하게 생각해요. 그래서 시골에 계신 할머니, 할아버지께도 매일 전화를 드리고 우리도 그렇게 하지요.

저는 노래 부르기와 춤추기를 좋아해요. 춤을 출 때는 기분이 아주 좋아요. 또 책읽기도 좋아해요. 제일 좋아하는 책은 〈신기한 스쿨버스〉입니다. 그리고 그림을 잘 그리고 바이올린 연주를 잘해요.

성격은 활발하고 친구들에게 친절한 편이에요. 친구들을 아주 좋아하기 때문이에요. 그런데 가끔 친구들이 잘못하는 일이 있으면 야단을 치는 성격이 있어서 고치려고 노력하고 있어요.

저의 꿈은 그림책을 만드는 사람이 되는 것이에요. 특히 공주와 요정이 나오는 그림책을 많이 만들어서 어린이들에게 사랑과 기쁨을 주고 싶어요.

❯ 가족 소개, 취미, 특기, 성격의 장단점, 꿈 등 자신에 대해 전반적인 소개를 하고 있습니다. 여러 사람에게 자신을 소개할 때 적합합니다.

6학년   정지원

　저는 회색 기러기의 아빠로 잘 알려진 콘라트 로렌츠를 존경합니다. 어렸을 때부터 과학자의 꿈을 키워왔지만, 어떤 분야를 공부할지 확실히 정하지는 못했습니다. 아버지가 물리학자이셔서 나도 막연히 물리학자가 되어야겠다고만 생각했지요. 사실 마음은 항상 동물이나 식물에 가 있었지만 스스로 이것은 취미일 뿐이라고 생각했습니다. 평생 연구할 정도로 그리 대단한 일로 여겨지지도 않았고요. 그러다가 콘라트 로렌츠에 대해 알게 되었고, 그가 쓴 〈솔로몬의 반지〉라는 책을 읽게 되었습니다. 이 책은 동물행동학, 그 중에서도 비교행동학에 대한 관심을 저에게 새롭게 심어 주었습니다. 또 그의 삶은 저 자신이 진심으로 원하는 일을 하라고 충고해 주었습니다. 그도 생계를 위해 의사가 되었지만 나중에 자신이 진짜 원하는 동물 연구로 진로를 바꿨습니다.

　이를 계기로 저는 제 꿈에 대해 다시 한 번 진지하게 생각해 보게 되었습니다. 그리고 마침내 결론을 내렸습니다. 저는 생명에 대한 연구를 하고 싶습니다. 그리고 저의 연구를 여러 사람들에게 알려 사람들이 과학과 더욱 가까워지고 생명을 더 이해하고 사랑하는 마음을 갖게 하고 싶습니다. 로렌츠가 했던 것처럼 말입니다. 그도 거의 자연 상태에서 동물과 함께 지내며 연구한 결과를 책으로 써서 사람들에게 생생히 전해 주었습니다. 사람들은 그의 책을 읽고 동물을 더 깊이 이해하게 되었고, 인간에 대해서도 더 잘 알게 되었습니다. 저도 생명 연구를 통해 로렌츠처럼 제가 연구하는 분야와 우리 사회 모두에게 이로움을 주는 과학자가 되고 싶습니다.

▶ 영재원 지원 시 썼던 자기소개문입니다. 자신의 꿈과 진로에 대해 구체적으로 썼습니다.

"'나'에 대해 생각나는 걸 마인드맵으로 그려 봐."

마인드맵을 활용하면 자신에 대해 많은 생각을 떠올릴 수 있습니다. 그림도 그리고 상징 기호도 이용하여 마인드맵을 그려 봅니다. 마인드맵을 그릴 때는 가운데 중심 이미지를 그리고, 거기서 연결하여 3~5가지의 주가지를 그린 다음, 다시 거기서 연결하여 부가지, 또 연결하여 세부가지를 그립니다. 핵심어는 가지 위에 쓰고 여러 가지 색깔로 표현합니다.

2 "가족에 대해 간단히 써 볼까?"

가족의 이름, 나이, 직업, 성격, 특징 중에서 꼭 얘기하고 싶은 것을 간단히 씁니다. 가족의 전체적인 분위기나 가훈, 부모님이 중요하게 생각하는 것에 대해 쓰는 것이 좋습니다.

3 "잘하는 거랑 좋아하는 걸 써 보자."

특별히 좋아하는 일이나 잘하는 것, 즐기는 것에 대해 씁니다. 노래 부르기, 책읽기, 글쓰기, 그림 그리기, 악기 연주하기, 태권도, 영어, 한자, 주산, 애완동물 기르기 등의 일반적인 것도 있고, 눈 가운데로 모으기, 귀 움직이기, 저글링하기, 마술하기 등 재미있는 특기도 있을 거예요. 물론 지원서를 쓸 때는 장난스러운 것은 쓰면 안 되겠지요.

4 "장점부터 써 볼까?"

한 가지 성격에 대해 장점과 단점을 구분지어 쓰거나, 아예 긍정적인 성격과 고쳐야 할 성격으로 나누어 씁니다. 성격에 대한 주변의 평가를 곁들이는 것도 좋습니다. 장점을 쓸 때는 너무 꾸미지 말고, 단점을 쓸 때는 어떻게 고치려고 노력하는지 덧붙여 개선 의지를 보여 줍니다.

5 "무슨 일을 하고 싶은지 솔직하게 써 보자."

장래희망을 쓸 때는 특기나 재주, 특별한 경험과 연관지어 쓰는 것이 좋습니다. 부모님의 희망보다 정말 아이가 되고 싶은 희망을 쓰도록 하고 그 이유와 그것을 통해 하고 싶은 일을 구체적으로 쓰면 좋아요. 고학년이라면 장래희망을 이루기 위해 그 동안 어떤 노력을 해 왔는지 활동과 이력을 구체적으로 적도록 합니다.

존경하는 인물은 유명한 사람이 좋을까요, 평범한 사람이 좋을까요?

유명세와 상관없이 아이가 진심으로 존경하는 인물에 대해 쓰는 것이 좋습니다. 아버지라면 아버지, 세종대왕이라면 세종대왕이라고 말이지요. 중요한 것은 존경하는 이유와 그로부터 받은 영향입니다. 이것이 특별하고 구체적이어야 합니다. 그런데 **만약 아이가 영재원이나 특정 캠프를 지원하는 상황이라면 그 분야와 관련된 인물 중에서 찾는 것이 좋겠지요?** 이 역시 유명세보다는 전문성에 초점을 두어 봅니다.

단점을 너무 많이 쓰면 감점이 되지 않을까요?

장점이든 단점이든 솔직하게 쓰는 것이 중요합니다. 하지만 아무래도 단점보다는 장점을 한 가지라도 더 쓰는 것이 좋겠지요. 그리고 단점을 쓸 때는 '단점'이라는 표현보다 '보완할 점' '고칠 점' 등의 완곡한 표현을 쓰도록 합니다. 그래서 실제로 어떻게 고치려고 노력하고 있는지 구체적인 실천 내용을 덧붙이는 것이 좋습니다.

아이가 자신에 대해 잘 모르는데 어떡하죠?

이럴 경우 '너는 이런 애야.'라는 식의 단정보다는 **즐거웠던 경험, 안 좋았던 경험 등 기억에 남는 일 등을 떠올려 보게 합니다.** 그리고 주변 선생님의 평가나 친구들의 평가가 어떤지 얘기를 나눠 봅니다. 대화를 할 때는 '이런 면도 있지 않니?'라는 식으로 부드럽게 말합니다.

매우 **구체적인 질문이 주어지고, 그에 따라 정해진 분량에 맞게 쓰도록** 하고 있습니다. 각 대학마다 양식이나 질문, 분량은 다 다릅니다. 몇 가지 예를 들어 보면 다음과 같습니다.

1. 입학 후 학업계획과 향후 진로계획에 대해 기술하시오.(1000자)
2. 자신의 성장과정에서 가족, 학교, 지역, 국가가 미친 영향에 대해 기술하시오.(1000자)
3. 자신이 겪었던 가장 큰 어려움은 무엇이었으며 그것을 극복하는 과정에서 어떤 의미를 발견하였는지에 대해 기술하시오.(1000자)
4. 해당 학부에 지원하기 위해 어떤 노력과 준비를 했는지 학업, 교과 외 활동(리더십, 봉사, 외국어, 기타활동) 등을 중심으로 구체적으로 기술하시오.(1500자)
5. 자신의 성격, 가치관, 태도 등이 가장 잘 설명될 수 있도록 성장과정을 구체적으로 기술하시오.(800자 이내)
6. 고등학교 재학 시절 중 가장 기억에 남는 활동의 구체적인 과정과 결과를 자신의 역할을 중심으로 구체적으로 기술하시오.(800자 이내)
7. 전공을 선택하게 된 이유를 자신의 경험을 바탕으로 기술하고, 준비 과정과 앞으로의 포부에 대해 기술하시오.(800자 이내)
8. 자기주도적으로 새로운 영역에 도전했거나 어려움을 극복한 경험을 기술하시오.(800자 이내)

격려

드디어 글을 쓰기 시작한 아이!

그 아이의 모습을 주의 깊게 관찰해 보세요.
어떤가요? 한 번도 쉬지 않고 한 번에 끝까지 글을 써 내려 가나요?
아마 쓰다가 말다가 쓰다가 말다가를 몇 번 반복할 것입니다.

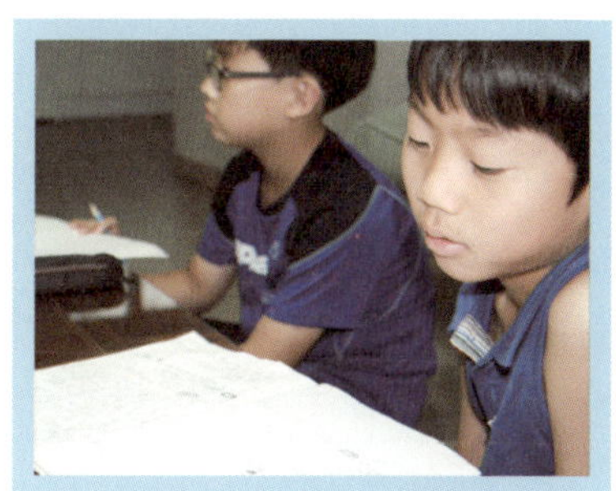

그러다 무언가 잘 떠오르지 않으면 또 딴청을 할지 모릅니다.
아이의 이런 행동은
'또 그럴 줄 알았어. 넌 역시 안 돼.'
하는 생각을 불러일으키지요.

자, 이 문제에 대해 생각해 볼까요? 단도직입적으로 말한다면, 이 행동은
'역시 안 되는 아이'여서 나오는 행동이 아닙니다. 아이든 어른이든 상관없이
누구에게서라도 종종 엿볼 수 있는 행동이지요.
이런 행동의 진정한 의미는,
'나는 의욕이 떨어졌어요. 잘할 자신이 없어요.'
입니다.

그러면 우리가 해 주어야 하는 것이 무엇인지 명백
해지지요. 계속해서 글을 쓸 용기와 의욕이 솟아나
도록 격려의 말을 해 주어야 합니다.
"잘하고 있어. 잘할 거야."
"역시 글을 쓱쓱 잘 쓰는구나.
벌써 이만큼이나 썼구나."
"생각이 좋으니까 글도 멋지다."

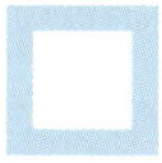

들으면 **절로 힘이 나는 말, 기분이 좋아지는 말**을 해 주세요.

'아는 것은 좋아하는 것만 못하고, 좋아하는 것은 즐기는 것만 못하다.'
는 공자님 말씀이 있지요?
격려의 말은 아이에게 즐기는 마음을 불어 넣어줍니다.

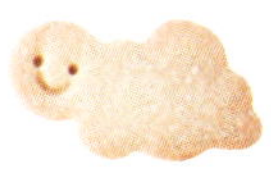

꼼꼼히 준비하면 떨려도 괜찮아!
선거 연설문 쓰기

아이가 선거에 나간다면 원고 쓰기부터 연설 연습까지
함께해 주세요. 결과에 신경 쓰지 말고 그 과정에
즐겁게 임할 수 있도록 응원해 줍니다.

09

마음 준비하기

해마다 3월, 9월이 되면 아이들 마음이 술렁거리는 걸 느낍니다. 새 학기가 시작되는 달이어서 그렇기도 하지만, 선거의 달이기 때문이기도 하지요. 관심이 없다는 아이도 그 속을 들여다보면 나갈까 말까 하는 고민, 이번엔 누가 될까 하는 기대가 숨어 있답니다.

엄마들의 마음은 어떨까요? 우리 아이도 나갔으면 하는 마음, 이번엔 됐으면 하는 마음, 막상 되면 엄마가 할 일이 더 많아질지도 모르니까 아예 나가지 말았으면 하는 마음 등일 거예요.

어떤 마음이든 선거를 맞아 그에 대해 이야기를 나눠 보는 건 아이 생각과 태도를 엿볼 수 있는 아주 좋은 기회입니다. 사회적인 일에 얼마나 관심이 있는지, 민주적인 감수성은 어느 정도인지, 또 자신감과 리더십은 어떤지 파악할 수 있지요.

그렇다면 지금은 어떤 마음이 드나요? 아이가 선거에 나가기를 바라나요? 설령 떨어지더라도 좋은 점이 무척 많답니다. 대중 앞에 자주 서 보면 그것이 그리 두려운 일이 아니라는 사실을 알게 되지요. 떨리는 마음을 차차 조절할 수 있고, 준비를 한 만큼 성과가 있는 것도 알게 됩니다.

그래서 만약 아이가 나가고 싶다는 의사를 밝히거나, 이번 기회에 아이를 선거에 내보내기를 바란다면 원고 쓰기부터 연설 연습까지 함께해 주세요. 결과에 너무 신경 쓰지 말고 그 과정에 즐겁게 임할 수 있도록 격려하고 응원해 줍니다.

일반적인 연설문

4학년 강용수

안녕하십니까? 회장 후보로 나온 강용수입니다. 저는 여러분이 알다시피 공부도 뛰어나지 못하고 남다른 재주도, 특기도 없습니다. 저는 평범 그 자체입니다.

하지만 학급 회장이 해야 할 일이 무엇인지 잘 알고 있고, 제가 아는 것을 우리 반과 여러분을 위해 실천하고 싶어서 이 자리에 서게 되었습니다.

제가 회장이 된다면 도서부, 학습부, 미화부, 생활부를 만들어 모두가 주인인 민주적인 반을 만들고 싶습니다. 그리고 학급 신문고를 만들어 학급 문제에 대해 한 사람, 한 사람의 의견을 모두 반영하여 문제거리, 고민거리가 없도록 할 것입니다.

회장은 언제나 여러 친구들의 의견에 귀 기울이고 서로 한 마음이 되도록 애쓰는 사람입니다. 그리고 앞에서 설치는 사람이 아니라 뒤에서 친절하게 도와주는, 반의 참된 일꾼입니다. 저는 이런 회장이 되어 여러분이 즐겁고 활기차게 학교생활을 할 수 있도록 하고 싶습니다.

저에게 여러분의 소중한 한 표를 부탁드립니다. 감사합니다.

---

❷ 겸손한 자기소개가 오히려 관심을 끕니다. 회장 선거에 나오게 된 동기와 공약, 포부 등을 일목요연하게 썼지만, 내용은 다소 평범합니다.

5학년 전혜민

안녕하십니까? 회장 후보 3번 전혜민입니다. 저는 통조림으로 제 소개를 해 보겠습니다.

제품명: 전혜민, 제조연월일: 2002년 7월 12일, 원산지: 경기도 구리시, 판매처: 새빛초등학교 5학년 1반, 성분 및 재료: 미소, 친절, 봉사심, 정의감, 진지, 유통기한: 6개월, 제품 특징: 식품 첨가물과 인공 조미료가 들어가 있지 않음.

어떻습니까? 이제 저에 대해 좀 더 자세히 알게 되셨나요? 어쩌면 궁금한 점이 더 많이 생겼을 수도 있습니다. 어쨌든 저는 착한 회사에서 만든 통조림처럼 회장을 하는 동안 변질되지 않고 정직하게 일할 것을 약속드립니다.

만약 회장이 된다면 서로에 대해 더 많이 알고 이해할 수 있도록 천사 제도를 만들고자 합니다. 서로 알아야 따돌림도 생기지 않고, 어려운 일이 있어도 혼자서 고민에 빠지지 않을 테니까요. 그러면 우리 반의 화합과 평화가 실현될 것이라고 확신합니다.

저와 함께 앞으로 한 학기 동안 멋진 드라마를 찍어 보지 않겠습니까? 여러분이 주인공이고 저는 주인공을 빛나게 하는 조연이 되겠습니다. 끝까지 들어 주셔서 정말 감사합니다.

❯ 통조림을 이용한 자기소개로 시선을 끌고 있습니다. '천사 제도'라는 공약이 구체적이면서도 실현 가능해 선거에 긍정적으로 작용할 것입니다.

"연설문부터 써 보자."

① 인사말을 써요.

자기 이름과 번호 등을 간단히 씁니다. 날씨나 인사, 학급에 대한 인상 등을 곁들여도 좋습니다.

② 왜 회장 선거에 나오게 되었는지 써요.

친구의 추천으로 나올 수도 있고, 스스로 원해서 나올 수도 있을 거예요. 후보가 된 동기를 쓰는 것입니다.

③ 회장의 역할에 대해 써요.

회장이란 어떤 일을 하는 사람인지 그 역할에 대한 생각을 씁니다. 회장은 학급의 의견을 모아 최선의 해결책을 찾는 일을 합니다. 그리고 학급의 갈등이나 문제를 해결하는 데 앞장섭니다.

④ 회장이 된다면 어떤 일을 하고 싶은지 써요.

회장으로서 하고 싶은 일, 즉 공약을 구체적으로 씁니다. 무조건 좋은 반장이 되어 반을 이끌겠다는 말보다 무엇을 어떻게 할지 써야 합니다.

⑤ 마무리를 해요.

어떤 학급, 또는 어떤 반을 만들고 싶은지 포부를 쓰고 마무리를 합니다. 소중한 한 표를 부탁하는 말과 들어 주셔서 감사하다는 인사를 씁니다.

Ζ **"이제 천천히 연습해 볼까?"**

① 천천히 낭독해서 입에 붙게 고쳐요.

쓴 글을 낭독하면서 말하기에 적합하게 수정합니다. 그런 다음 강조할 부분, 천천히 말할 부분, 목소리를 높일 부분과 낮출 부분, 동작을 넣을 부분 등을 하나씩 체크합니다. 색깔 펜으로 표시하면 한눈에 보기 쉽답니다.

② 목소리와 말투를 점검해요.

목소리는 타고난 것이므로 바꾸기 어렵습니다. 다만 작은 목소리보다 큰 목소리로 말하고, 너무 가늘거나 높은 음, 아주 낮은 음의 소리는 고치는 것이 좋습니다. 연설을 앞두고는 따뜻한 물을 자주 마시고 사람들과 말하는 걸 줄여 목 관리를 해야 합니다.

- **발음** – 또박또박 정확하게
- **말투** – 공손하면서도 친근하게
- **말의 속도** – 빠르거나 느리지 않게
- **억양** – 중요한 부분은 소리를 높이고, 보통 때는 차분하게

③ 표정과 손동작, 몸동작을 연습해요.

좋은 내용과 좋은 말소리와 더불어 몸을 통해 주는 느낌도 연설을 돋보이게 합니다. 표정, 시선, 자세, 제스처 등도 연습해 봅니다.

- **표정** – 보통 내용엔 미소, 중요한 내용엔 진지한 표정
- **시선** – 듣는 사람과 골고루 눈 마주치기
- **제스처** – 내용에 따라 양팔 벌리기, 주먹을 불끈 쥐기, 포인트 콕 집기

◁HH◁ 연설문은 꼭 써야 하나요?

어떤 말이든 **여러 사람 앞에서 말을 할 때는 무슨 말을 할지 꼭 준비하는 것이 좋습니다.** 선거 연설문은 더욱 그렇지요. 연설문을 준비하지 않으면 무슨 말을 어떻게 해야 할지 몰라 갈팡질팡할 수 있고 시간도 맞추기 어렵습니다.

〈연설문 쓰기의 좋은 점〉

- 연설의 주제와 내용이 분명해져 설득력을 높일 수 있다.
- 미리 가장 좋은 표현을 찾아 감동을 줄 수 있다.
- 서론, 본론, 결론을 갖춘 체계적인 연설을 할 수 있다.
- 시간에 맞는 연설을 할 수 있다.
- 연설의 핵심을 짚어 청중을 집중시킬 수 있다.
- 연설할 내용을 미리 암기하고 연습해서 더 멋진 연설을 할 수 있다.

◁HH◁ 발표 공포증은 어떻게 고칠 수 있나요?

여러 사람 앞에서 떨리는 건 우리 몸의 자연스런 반응입니다. 단지 정도의 차이가 있을 뿐이지요. 아이가 발표에 대한 두려움을 직접 호소하거나 실제로 심하게 떠는 모습을 보았다면 일단 그 마음에서 벗어날 수 있도록 도와줍니다. "너는 왜 그렇게 떠니?"라는 식으로 비난하는 말은 절대 하면 안 됩니다. 대신 "엄마도 여러 사람 앞에 서서 말하려니까 무척 떨리더라."라고 공감을 해 주고 "떨려도 막상 하고 나면 괜찮을 거야."라고 격려해 주세요. 그런 다음 반복해서 연습시킵니다.

⊂⊦⊷⊲ 아이의 말투나 발음은 어떻게 고칠 수 있나요?

아이 스스로 부족한 점을 깨닫는 것이 중요합니다. 자기 모습을 객관적으로 볼 수 있어야 말투가 아기 같거나 발음이 뭉개지는 것이 그리 매력적이지 않다는 걸 느끼게 되지요. **직접 녹음해서 들어보게 하거나 영상을 찍어서 함께 봅니다.** 이때 너무 지적하지는 말고, 이런 점은 이렇게 하면 좋겠다는 식으로 해결 방법을 말해 줍니다.

⊂⊦⊷⊲ 요즘은 웃기게 연설문을 써야 한다는데요?

아무래도 **아이들이다 보니 웃긴 연설에 호감을 표하는 경우가 많습니다.** 그래서 어떤 아이들은 개그맨을 흉내 내기도 하고, 유행어를 연설에 섞어 쓰기도 하고, 자기 이름을 특이하게 소개하기도 합니다. 아이가 이런 면에 재능이 있거나 좋아한다면 한번 해 보게 하세요. 그렇지 않다면 일반적인 방법을 따르도록 합니다. 진실한 말은 그 어떤 말보다 더 설득력이 있으니까요.

⊂⊦⊷⊲ 아이가 선거에 나가지 않겠다고 고집을 부려요.

나가라고 협박하거나 강요하기보다 엄마의 생각을 솔직하게 말해 줍니다. "선거에 나가면 네가 좋지, 내가 좋냐?" "선거에도 나가고 그래야 나중에 대학 갈 때 도움이 된대."라는 식으로 아이를 위하는 척하거나 협박을 하는 건 절대 안 됩니다. 부모가 바라는 것, 부모의 마음을 있는 그대로 얘기해 줍니다. 그러고 나서도 아이가 안 나가겠다고 하면 그 결정을 존중해 주세요. 반대로 부모는 싫은데 아이가 나간다고 하면 당연히 아이 결정을 지지해 주어야 합니다.

체험학습보고서 쓰기

어떻게 하면 체험학습보고서를 즐겁게 잘 쓸 수 있냐고요? 뭐든지 잘하려면 차근차근 준비하고 공을 들여야 합니다.

10

마음 준비하기

아이들과 여행을 다녀오면 그 경험을 하나도 빠짐없이 기록해 두고 싶지요? 아이가 보고 느낀 것들이 어딘가로 날아가기 전에 저장해 두어야 더 큰 의미가 생길 것 같기 때문일 거예요. 또 요즘에는 진로를 정하거나 진학을 할 때 다양한 체험 이력이 도움이 되지요.

당연히 체험학습을 다녀왔으면 정리하고 기록하는 것이 좋아요. 일명 체험학습보고서를 작성해 두는 것이지요. 그러면 정말 체험이 더욱 의미 있어지고 체험을 통해 배운 것과 생각한 것 등이 오래 기억에 남는답니다. 그리고 이후 다른 체험이나 활동으로 확장되면 일관성 있고 방향성 있는 포트폴리오를 만들어나갈 수 있어요.

아마 위 내용은 잘 알고 있는 사실일 거예요. 궁금한 건 어떻게 하면 체험학습보고서를 즐겁게 잘 쓸 수 있냐는 것이지요? 뭐든지 잘하려면 차근차근 준비하고 공을 들여야 한답니다.

체험부터 잘해야 해요. 이건 '아는 만큼' 할 수 있습니다. 얼마나 사전 조사를 하고 계획을 세우느냐에 따라 체험의 질이 달라지지요. 준비하지 않으면 즉흥적이고 일시적인 체험에 그칠 수 있어요. 무언가 하긴 한 것 같은데 끝나면 아무 생각도 나지 않지요.

반면 준비를 철저히 하면 낭비하는 시간이 없고 더 깊이 몰입하여 즐길 수 있지요. 그럼 나중에 보고서에 쓸거리도 많아져요. 체험학습보고서를 쓰는 건 체험이 다 끝난 후지만 준비는 체험 전부터 해야 한다는 점을 잊지 마세요.

일기 형식의 체험 글쓰기

고소한 치즈 만들기

2학년 최지우

　전라북도에 있는 임실 치즈마을에서 치즈 만들기 체험을 했다. 치즈는 우유로 만든다고 한다. 우리가 만든 치즈는 피자 치즈였다. 처음에 선생님이 니코타 치즈를 주었다. 그걸 큰 그릇에 넣어 뜨거운 물을 붓고 밀가루처럼 반죽을 했다. 그런 다음 함께 치즈를 잡고 쭉쭉 늘렸다. 껌처럼 엄청 늘어나서 깜짝 놀랐다. 늘리면 끝이다. 이게 피자 치즈다. 나는 선생님 몰래 얼른 뜯어서 조금 먹어 보았다. 금방 만들어서 그런지 엄청 고소했다.

▶ 치즈 만들기 과정 중심으로 잘 썼습니다. 체험 일기를 쓸 때도 사진을 붙여 봅니다.

보고서 형식의 체험 글쓰기

도자기 체험

4학년 박현빈

체험 주제	영혼을 담은 도자기 체험
체험 장소 및 일시	장소: 해강도자미술관 | 일시: 2013년 6월 25일
체험 동기 및 목적	우리나라는 옛날부터 도자기를 잘 만들기로 유명했다고 한다. 그 말을 듣고 도자기를 직접 만들어 보고 싶은 생각이 들었다. 그래서 도자기 체험관이 있는 해강도자미술관에 가 보기로 했다.

체험 내용	도자기 만들기 순서는 이렇다. 먼저 흙을 주물러서 반죽을 한다. 조심스럽게 반죽을 해야 한다. 반죽이 물러서 부드러워지면 그것으로 그릇을 만든다. 나는 접시를 만들었다. 납작하게 한 다음 가운데가 조금만 들어가게 했다. 마지막으로 바닥에 무늬를 새긴다. 나는 자연을 그렸다. 산, 나무, 해님을 그렸다. 여기 까지만 했다. 마무리는 미술관에서 해 준다고 했다. 바로 유약 바르기와 굽기이다.
새로 알게 된 점	도자기를 만드는 흙이 따로 있다는 것을 알았다. 그것은 고령토이다. 그리고 도자기가 반질반질 윤이 나는 것은 유약을 바르기 때문이라는 것도 알 았다.
느낀 점	접시 하나를 만드는 데도 시간이 많이 걸리고, 노력도 많이 든다는 걸 느꼈다. 접시를 깨뜨리지 말고 소중하게 다루어야겠다. 그리고 우리의 도자기도 세계에 널리 알리겠다. 더 많은 사람들이 우리 도자기를 사랑했으면 좋겠다. 참, 나에게 도자기 만드는 재주가 조금 있는 것 같기도 하다.

체험 동기와 새로 알게 된 점, 느낀 점 등을 잘 썼습니다. 그런데 체험 내용을 좀 더 자세하게 쓰고, 각 내용에 해당하는 사진을 곁들이도록 합니다.

1 **"자, 체험 자료랑 사진을 다 모으자."**

보고서를 잘 쓰려면 준비가 철저해야 합니다. 체험과 관련한 온갖 자료들을 다 준비하세요.

〈체험학습 보고서 작성을 위해 챙겨야 하는 것들〉

① 표(티켓) : 체험학습장에 다녀왔다는 증거로 제시할 수 있어요.

② 팸플릿, 전단지 : 체험학습장에 비치된 팸플릿이나 전단지는 나중에 내용을 정리할 때 도움이 돼요.

③ 스케줄(일정표, 시간표) : 체험 일정을 미리 알고 준비할 수 있고, 체험이 끝난 후 언제 어떤 체험을 했는지 빠뜨리지 않고 기억할 수 있어요.

④ 체험 사진 : 생생한 체험 현장을 전달할 수 있어요.

⑤ 메모장 : 체험을 할 때 새로 알게 된 정보들은 메모장에 간단히 적어 두어 보고서를 쓸 때 참고해요.

2 **"이건 뭐하는 거였더라……?"**

사진이나 체험 자료를 보면서 그때 일을 떠올려 봅니다. 언제 누구와 어디에 가서 무엇을 했는지 이야기를 나누다 보면 구체적으로 쓸 수 있어요.

3 **"이 사진은 어때?"**

보고서에 넣을 자료와 사진을 고릅니다. 전단지나 소개지에 나온 이미지와 설명 중에서도 쓸 만한 것을 골라 활용해 봅니다.

4 "차근차근 보고서를 써 보자."

보고서는 다음의 형식을 참고하여 씁니다. 저학년이면 간단한 체험 앨범이나 일기 형식이 좋아요.

체험 주제	어떤 체험을 했는지 주제를 써요.
체험 장소 및 일시	체험 장소와 날짜, 요일, 시간을 써요. 정확하게 써야 기록으로서의 가치가 생겨요.
체험 동기 및 목적	체험을 왜 하게 되었고, 그것을 통해 무엇을 알거나 배우고 싶은지 써요.
사전 학습 내용	체험을 하기 전 그와 관련하여 조사한 내용, 학습한 내용을 간단히 정리해요. 책을 읽었거나 인터넷으로 조사를 했다면 책제목과 사이트 주소 등을 적고 내용도 요약해요.
체험 계획 및 방법	체험장에 가서 어떤 체험들을 어떤 순서로 어떻게 할 것인지 계획한 것을 간단히 써요.
체험 내용	실제 체험한 내용을 써요. 구구절절 다 쓸 필요는 없고 인상적인 체험을 3~5가지 정도 뽑아서 설명해요. 그리고 사진이나 관련 시작 자료를 덧붙이면 좋아요.
새로 알게 된 점 및 느낀 점	체험을 하면서 새로 알게 된 점, 어려웠던 전, 힌들었던 점, 흥미로웠던 점, 즐거웠던 점, 아쉬웠던 점, 앞으로의 활동 계획, 다짐, 자신의 재능에 대해서 알게 된 점 등을 써요.

⊂⊢⊣⊣◁ 체험 동기나 목적 쓰는 걸 어려워해요.

동기나 목적은 교과 학습과 관련하여 적으면 좋습니다. 수업 시간에 무엇 무엇에 대해 배웠는데, 어떻게 하는지, 또는 어떤 모습인지 직접 확인해 보고 싶어서 체험을 하게 되었다는 내용을 쓰는 것이지요. 그 외 평소 궁금했던 문제를 해결하기 위해, 사람들의 추천이 자자해서 등의 내용을 적을 수 있습니다.

⊂⊢⊣⊣◁ 사진은 많이 넣는 것이 좋을까요?

체험 내용에 따라 사진과 기타 시각 자료의 양을 결정합니다. 내용에 없는 사진이나 이미지를 넣는 것은 좋지 않습니다. 그리고 한 내용에 서너 가지의 사진을 넣는 것도 복잡하기만 할 뿐이지요. **내용마다 한 장의 사진을 넣되, 만약 여러 장의 사진을 넣어야 한다면 오리거나 해서 보기 좋게 편집해야 합니다.** 사진은 풍경 사진보다 인물이든 사물이든 중심 대상을 한눈에 알 수 있는 분명한 사진이 좋습니다.

⊂⊢⊣⊣◁ 체험 앨범은 어떤가요?

저학년이라면 체험 앨범을 만드는 것이 쉽고 간단할 겁니다. **체험 사진들을 순서대로 배열한 다음 사진 아래나 옆에 어떤 장면인지 간단한 설명을 적어봅니다.** 말풍선을 그려 그 안에 대화문처럼 글을 써 보아도 좋습니다. 아니면 재미있는 제목을 붙여 보는 것도 즐거울 거예요. 풍성한 앨범을 만들고 싶다면 체험 장면만 넣을 것이 아니라 체험 전, 후의 모습도 넣어서 처음과 끝을 갖춘 한 편의 사진 이야기가 되도록 해 보세요.

체험학습을 계획할 때는 **먼저 큰 주제를 정하고** 그에 속한 작은 주제들과 체험학습장을 정해 봅니다. 예를 들어 물놀이 체험을 계획했다면 댐, 바다, 해수욕장, 갯벌, 강 등에서 체험학습을 해 보는 것이지요.

〈주제별 추천 체험〉

① 곤충체험 : 서대문 자연사박물관, 곤충생태관 등

② 환경체험 : 월드컵공원, 선유도공원, 시화호 갈대습지공원, 우포늪생태관 등

③ 교통기관체험 : 국립철도박물관, 삼성화재교통박물관, 정동진역 등

④ 전통과 역사체험 : 어린이박물관, 국립고궁박물관, 경주박물관, 부여박물관, 공주박물관, 남산 한옥마을, 해강도자미술관 등

⑤ 보도기관체험 : 방송국 견학홀, 한국만화박물관, 신문박물관 등

⑥ 가족체험 : 안동 하회마을, 외암리 민속마을, 국립민속박물관 등

⑦ 나무와 숲체험 : 국립수목원, 물향기수목원, 천리포수목원, 제주도 여미지 식물원, 일산꽃박람회 등

⑧ 마을체험 : 국립민속촌, 섬진강 매화마을, 구례 산수유마을, 당진 왜목마을, 진영 봉하마을 등

⑨ 물놀이체험 : 낙산해수욕장, 몽돌해수욕장, 강화도 갯벌, 화양동 계곡, 충주댐-청풍문화단지 등

⑩ 축제체험 : 함평나비축제, 보령머드축제, 진주등축제, 여의도불꽃축제, 진해벚꽃축제, 태백눈꽃축제 등

실험과 관찰을 충실히 기록해!
탐구보고서 쓰기

지시하거나 대신 해 주는 것은 절대 안 됩니다.
뻔한 실험과 관찰이라도 직접 해 보는 게 의의가
있습니다.

11

🫖 마음 준비하기

어렸을 때 실험보고서나 관찰기록문을 썼던 기억이 있나요? 우리 시대만 하더라도 실습 위주의 활동은 미술이나 실과 시간에 하던 것이 전부였습니다. 관찰과 실험과 같은 과학 활동은 거의 없었지요. 과정보다는 결과를 중요하게 여기는 교육 풍토여서 과학 지식을 암기하듯 공부했기 때문이에요.

그런데 요즘엔 아이들 숙제 중에 과학탐구보고서 쓰기가 종종 나오지요? 과학의 달 4월엔 과학 독후감이나 그림 대회뿐만 아니라 과학탐구토론 대회가 열리기도 해요. 이때 탐구보고서를 작성해야 할 거예요. 대부분 아이 혼자 하기가 너무 버거워 부모가 많이 도와준다고 합니다.

하지만 부모 역시 버겁기는 마찬가지입니다. 앞에서도 말했듯이 부모도 어린 시절 탐구보고서를 제대로 써 볼 기회가 없었거든요. 그러면 어떻게 하지요? 인터넷이나 책에서 찾아 따라 써야 하는 걸까요?

탐구 주제부터 수행, 그리고 결과 정리까지 뒤에 나오는 내용을 참고하여 조금씩 도와주세요. 조언을 해 주고 아이가 궁금한 점은 허심탄회하게 물어볼 수 있도록 관심을 갖고 지켜봅니다. 하지만 지시하거나 대신 해 주는 것은 절대 안 됩니다. 뻔한 실험과 관찰이라도 직접 해 보는 게 의의가 있답니다.

탐구 수행은 아이가 하는 것이랍니다. 보고서 작성은 수행이 다 끝나고 나중에 하는 것이지요. 그래서 무엇보다 아이가 직접 실험하고 관찰할 수 있는 시간적 여유를 충분히 주어야 해요. 그리고 그때그때 결과를 기록해 두어야지요. 그래야 나중에 보고서를 작성할 때 억지로 짜내거나 거짓으로 쓰지 않아도 될 것입니다.

강낭콩의 자람 실험

4학년 구자연

탐구 주제	강낭콩은 어떻게 자랄까?
탐구 동기	강낭콩이 어떻게 자라는지 궁금하여 직접 기르면서 자라는 모습을 알아보기로 하였다.
알고 싶은 점	1. 강낭콩이 자랄 때 싹은 어떻게 나올까? 2. 강낭콩이 자랄 때 잎은 어떻게 될까? 3. 강낭콩이 자랄 때 줄기는 어떻게 될까?
탐구 기간 및 장소	기간: 5월 11일 ~ 5월 30일
준비물	화분, 강낭콩 씨앗, 물, 줄자
탐구 방법	콩을 불려서 싹이 나오면 화분에 옮겨 심어 관찰한다. 줄자를 사용하여 땅에서부터 새순이 난 바로 아래까지의 줄기의 길이를 잰다. 강낭콩의 키는 3~6일 간격을 두고 잰다. 그리고 키를 잰 다음 뿌리가 젖을 정도로 물을 준다.

탐구 내용 및 결과	5월 11일	5월 17일	5월 21일
	떡잎 2장 나옴.	줄기가 나오고 본잎 2장 나옴.	새로운 가지가 나오고 잎 3장 나옴.
	5월 26일	5월 30일	6월 5일
	길이 10cm 자람.	길이 17cm 자람. 잎 3장 나옴.	길이 25cm 자람. 잎 3장 나옴.
	6월 12일	6월 18일	6월 23일
	길이 34cm 자람. 잎 6장 나옴.	길이 48cm 자람. 잎 6장 나옴.	아주 작은 꼬투리가 세 개 맺힘.

새로 알게 된 점	1. 떡잎이 2장 나온다. 2. 줄기가 나오고 본잎이 2장 나온 다음 새로운 가지가 나오고 잎이 3장씩 나온다. 잎이 커지고 수도 많아진다. 3. 줄기도 길어지고 굵어진다. 줄기와 잎자루 사이에서 새로운 가지가 나온다.
느낀 점	사람은 아기 때 모습이 거의 그대로인 채 크기와 길이만 변하는데, 식물은 자라면서 처음 모습과 많이 달라지는 것이 신기했다. 잎도 더 많아지고 새로운 가지도 계속 생긴다. 그 모습이 신비롭고, 거기서 생명의 힘을 느꼈다.

❷ 교과서에 나온 실험관찰이지만 직접 해 본다는 데 의미가 있습니다. 준비물, 탐구 방법, 탐구 내용 및 결과에 해당 사진을 첨부합니다.

 **"식물에 대해 배울 때 궁금한 점이 무엇이었어?"**

주변에서 관찰되는 현상이나 책에서 읽은 내용, 학교에서 배운 내용 중에서 의문나는 점들을 떠올려 보게 합니다. 그 중 구체적이고 직접 실험, 관찰이 가능한 주제를 하나 정합니다. 거창한 주제보다 일상의 작은 주제가 탐구를 즐겁게 해요. 아이가 잘 떠올리지 못하면 구체적인 질문을 통해 호기심을 자극하거나 함께 과학책을 읽으면서 찾아보세요.

 **"이 주제는 직접 실험, 관찰을 해야 할 것 같아."**

탐구 주제를 정했으면 탐구 계획을 세워야 해요. 바로 실험하고 관찰하는 게 아니랍니다. 탐구 시기와 장소, 탐구 방법 등을 구체적으로 정해야 해요. 탐구 설계를 잘해야 탐구도 잘할 수 있어요. 탐구 방법은 다음과 같습니다.

여러 가지 탐구 방법

- **조사하기** : 책, 사전, 인터넷, 영상물, 박물관 등에서 관련 내용을 조사하거나 직접 인터뷰나 설문 조사를 해 내용을 알아낼 수도 있다.
- **실험하기** : 실험 도구와 재료 등의 준비물을 마련하여 직접 실험하여 결과를 낸다.
- **관찰하기** : 어떤 조건 하에서 관찰 대상을 정해 정해진 시간에 관찰한다. 무엇을 어떻게 관찰할지 정해야 한다.

 **"기록을 하니까 변화를 한눈에 알 수 있구나!"**

설계한 탐구 방법에 따라 직접 수행해 봅니다. 아이가 계획한 대로 할 수 있도록 틈틈이 격려하고 관심을 가져 주세요. 그리고 탐구 중간중간 결과들을 표로 작성해 두도록 합니다.

4 "기록한 걸 보면서 보고서를 써 보자."

탐구보고서는 다음과 같은 양식으로 작성합니다.

탐구 주제	탐구 주제를 구체적으로 적습니다.
탐구 동기	어떻게 해서 위 주제를 탐구하기로 했는지, 위 주제에 대한 아이디어를 어쩌다가 얻었는지 씁니다.
탐구 목적	탐구를 통해 알고 싶은 점, 밝히고 싶은 점이 무엇인지를 두세 가지 씁니다.
탐구 과정	준비물, 탐구 시기와 장소, 탐구 방법을 자세하고 구체적으로 씁니다. 탐구 방법은 탐구 목적에 따라 정해질 거예요. 순서와 방법이 드러나야 합니다.
탐구 결과	탐구 과정에서 정리한 결과들을 모아 분석한 뒤, 최종 결과를 적습니다. 표나 그래프를 이용하여 깔끔하게 정리하는 것이 좋아요.
알게 된 점	탐구 결과를 통해 알게 된 점을 두세 가지 적습니다.
느낀 점	탐구 준비부터 계획, 그리고 실행에 이르기까지 전 과정을 거치면서 느낀 점을 씁니다. 아쉬운 점, 미흡한 점, 개선할 점, 뿌듯했던 점, 신기한 점 등을 쓰면 됩니다.

⟨⧓ 꼭 직접 실험·관찰한 내용이 들어가야 하나요?

꼭 그렇지는 않습니다. **조사하기의 방법만으로도 탐구를 할 수 있답니다.** 먹이에 따른 공룡의 분류나 자연 속의 수학 규칙 등이 있겠지요. 하지만 아이 입장에서 실험하고 관찰하는 탐구가 더욱 흥미롭고 몰입도도 좋을 거예요. 그리고 주제 자체가 실험과 관찰을 통해 탐구해야 하는 것이라면 당연히 이 과정을 진행해야겠지요.

⟨⧓ 아이가 탐구를 잘 안 하려고 해요.

과학 지식이 많은 아이, 책을 통해 지식을 습득하는 것이 습관이 된 아이들 중에는 직접 탐구해 보려는 의지가 적을 수 있습니다. 이미 책에 다 나온 것을 왜 해야 하느냐며 의미를 못 찾지요. **아이에게 정말 책에 나온 대로 결과가 나오는지 직접 확인해 보는 것이 과학에서는 더욱 중요한 과정임을 잘 설명해 주세요.**

⟨⧓ 엉뚱한 결과가 나오면 어떡하지요?

탐구 주제를 정하고 계획을 할 때 아마 예상되는 결과가 있을 거예요. 이를 가설이라고 하지요. 그런데 때론 이와 다른 결과가 나올 수 있습니다. **이때 결과를 왜곡하거나 조작하면 절대 안 됩니다.** 시간이 없다면 왜 그런 결과가 나왔는지 비판적으로 검토한 내용을 느낀 점에 쓰고, 시간이 있다면 탐구 계획을 수정하여 2차 탐구를 진행합니다. 이때 보고서에는 1차 탐구와 이를 수정한 2차 탐구에 대한 내용을 모두 적습니다.

- 빛의 색깔은 식물의 성장에 어떤 영향을 줄까?
- 나무줄기나 풀로 어떻게 옷을 지을 수 있을까?
- 마실 수 있는 물을 어떻게 얻을 수 있을까?
- 화살의 길이와 날아가는 거리는 어떤 관계가 있을까?
- 물을 주는 시간에 따라 식물의 성장에 차이가 있을까?
- 화분의 위치를 자주 옮겨 주는 것이 식물의 성장에 도움이 될까?
- 애완견에게 말에 따른 행동을 가르칠 수 있을까?
- 액체에 따라 어는 속도가 다를까?
- 성격과 좋아하는 노래 사이에는 어떤 관계가 있을까?

조언

아이가 의욕이나 용기가 떨어져서 쓰는 걸 멈춘 것이 아니라 생각이
막혀서 그런 거라면 어떻게 해야 할까요?

이럴 땐 오히려 "잘 쓰고 있구나."라는 말이 부담이 될 수 있습니다.
다시 생각의 물꼬를 틔워 주고 글을 매끄럽게 연결할 수 있도록 좀 더
직접적인 도움을 주어야 합니다.

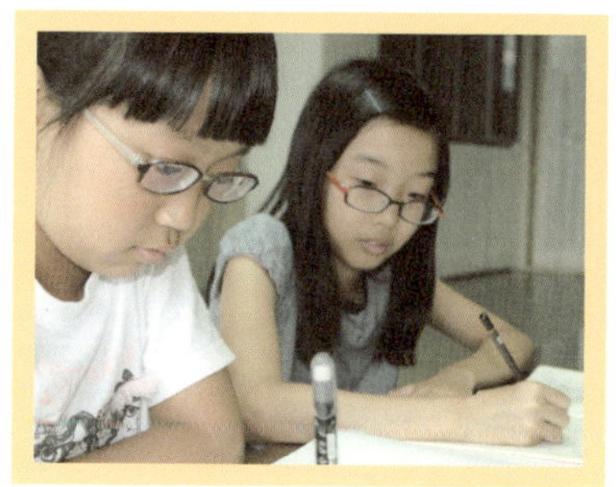

어떤 내용을 이어 쓰면 좋을지 '조언'을 해 주는 것입니다.
쉽게 말하면 힌트를 주는 것이지요.

"이런 내용을 연결하면 괜찮을 것 같은데, 어때?"

하고 물어보듯 힌트를 주세요.
아이에게 이걸 써라, 저걸 써라 지시한 것도 아니고 강요한 것도 아닌데
아이는 다시 생각을 전개해 나갑니다.

반대로 아이가 글에 맞지 않은 내용을 쓰고 있다면
어떻게 해야 할까요? 일단 모른 척 넘어갔다가 글을
다 쓰고 난 뒤에 일러줄 수도 있지만, 그 순간에 지적해
주는 것도 좋습니다.

과정 자체를 제대로 밟을 수 있도록 이끌어 주는 것이지요.
그래야 좋은 결과가 나올 테니까요.
이때도 역시 아이의 기분이나 생각을 배려해야 합니다.

"삼산! 그 내용은 빼는 게 어떨까?"하고 말해 보세요.
만약 아이가 그냥 쓰겠다고 고집하면 될 대로 되라는 식으로
내버려 두지 말고 아이가 쓰려는 내용을 글의 주제에 맞게
수정할 수 있도록 잠깐 대화를 나눕니다.
내용 협의를 하는 것입니다.

탐정들도 사건이 잘 해결되지 않으면 어떻게 하나요?
새로운 단서를 찾아 나서지요.
아이들 글쓰기도 마찬가지입니다. 내용이 잘 풀리지 않으면
온화한 태도로 조언을 해 주고 다시 글쓰기 실마리를 잡아
내용을 풀어나갈 수 있도록 해 주세요.

육하원칙만 지키면 돼!
기사문 쓰기

기사, 광고 등의 실용적인 글은 어른이 보기에 다소
가치 없게 느껴질 수 있습니다. 하지만 이젠 이런 글도
의사소통의 한 방법으로 중요합니다.

12

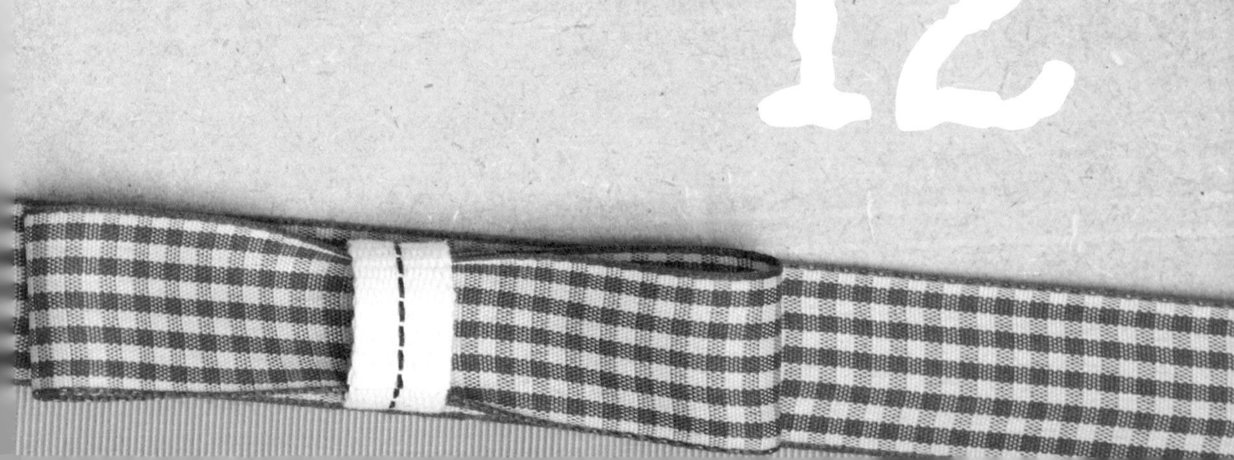

🫖 마음 준비하기

　　교육과정이 바뀌었다는 말을 들었을 때 어떤 과목이 가장 먼저 떠오르나요? 아마 수학일 것입니다. '스트리텔링 수학'이라는 말이 새로 생기면서 전에는 배운 적이 없는 내용이 추가된 것 같은 느낌이 들지요. 하지만 그 안을 들여다보면 내용 자체가 새로운 건 아님을 알게 되지요.

　　그러면 국어 과목은 어떨까요? 언뜻 보면 다른 과목에 비해 큰 변화를 못 느낄 수 있어요. 쓰기가 중요해졌다는 형식적인 변화만 조금 느껴지지요. 그런데 내용을 보면 국어야말로 크게 변했음을 알 수 있습니다. 내용 자체가 많이 달라졌거든요.

　　기사문 쓰기에 대해 말하는데 서론이 너무 길었지요? 기사문이 바로 달라진 국어 과목의 성격을 확실히 보여 주기 때문이에요. 기사문이나 광고, 뉴스 대본 같은 글은 매우 실용적인 글이에요. 그래서 전에는 중학교에서나 조금 다룰 뿐이었지요. 그런데 이젠 이 글들이 초등 국어에도 진출했답니다!

　　실용적인 글들은 어른이 보기에 다소 가치 없게 느껴질 수 있습니다. 학창시절 중요하게 여기며 열정을 쏟아 공부했던 건 대부분 문학작품이었을 테니까요. 하지만 앞서도 말했듯이 이제 달라졌습니다. 문학작품도 여전히 중요하지만 실용적인 글도 의사소통의 한 방법으로 중요하게 다뤄지고 있어요.

　　그래서 고학년이 되면 기사문을 써 오라는 수행평가를 내는 거랍니다. 이 과제를 소홀히 여기거나 무시하지 말고, 오히려 기회 삼아 기사를 보는 안목과 자유자재로 기사문을 작성할 수 있는 실력을 키워 주세요. 기사문은 한 번만 제대로 배우면 아주 쉽게 쓸 수 있답니다.

100년도 더 된 낡은 책상의 비밀
외증조할아버지의 앉은뱅이 나무 책상

4학년 이지수

지수네 집엔 작고 낡은 앉은뱅이책상이 있다. 외할머니가 준 것이다. 앉은뱅이책상은 의자 없이 바닥에 앉아서 쓸 수 있게 만든 낮은 책상이다. 이 책상은 사연이 있다.

지수 외할머니의 아버지, 즉 돌아가신 외증조할아버지네 집은 무척 가난했다. 그런데 외증조할아버지는 공부가 몹시 하고 싶어서 아버지에게 날마다 책상을 사 달라고 했다. 외증조할아버지의 아버지는 처음엔 돈이 없다고 사 주지 않았는데, 어느 날 할아버지가 학교를 마치고 집에 와 보니 방에 책상이 있었다. 그때 외증조할아버지는 아버지가 무척 고마워 잠도 안 자고 공부를 했다고 한다. 그 후에 외증조할아버지는 중학교를 1등으로 졸업했다.

외할머니는 이 책상만 보면 아버지 생각이 난다고 하신다. "우리 아버지의 손때가 묻은 소중한 책상이야. 100년이 지났는데도 이렇게 깨끗한 걸 봐. 아버지가 얼마나 바르고 깨끗한 분인지 알 수 있지."

외할머니가 이 책상을 지수에게 물려 준 까닭은 지수가 첫 손자이고, 외증조할아버지를 닮았기 때문이다. 지수 또한 이 책상을 나중에 자식에게 물려 줄 거라고 한다.

우리 가족의 소중한 물건을 하나 골라 그 사연을 기사로 쓴 글입니다. 물건과 가장 관련이 깊은 외할머니를 인터뷰하여 물건의 의미를 부각하고 있습니다.

헬렌 켈러, "미국에서 가장 위대한 일을 한 사람들"에 뽑혀

두 살 때 뇌척수막염 앓고 장애
설리번 선생님의 도움으로 극복

5학년 박나래

헬렌 켈러가 이번 "미국에서 가장 위대한 일을 한 사람들"에 뽑혀 화제다. 그녀는 현재 장애를 가진 사람들과 사회에서 어려운 처지에 있는 사람들을 위해 활발히 봉사 활동을 펼치고 있다. 이런 점 등이 높이 평가되어 이번에 상을 받게 되었다.

그녀가 장애를 갖게 된 건, 두 살 되던 해에 뇌척수막염을 앓고 나서부터이다. 그때부터 눈과 귀가 멀어 보지도 못하고 듣지도 못하게 되었다. 그런데 그녀가 오늘과 같이 놀랍고도 훌륭한 일을 하게 된 건 설리번 선생님을 만나고 나서부터이다. 설리번 선생님은 아무 것도 모르고 장애 때문에 성격도 나빠진 헬렌을 돌보며 글자와 말을 가르쳤다. 헬렌은 설리번 선생님의 가르침으로 학교도 다니게 되고, 세계 최고의 하버드대도 우수한 성적으로 졸업할 수 있었다.

헬렌은 앞으로도 지금처럼 장애인을 비롯하여 모든 사람들에게 희망과 용기를 주는 일을 계속할 것이라고 한다. 아마 헬렌은 미국뿐만 아니라 전 세계에서 가장 위대한 일을 한 사람일 것이다.

▶ 〈헬렌 켈러〉를 읽고 기사문으로 쓴 독서록입니다. 마지막 부분에 나온 일을 소재로 썼습니다. 헬렌 켈러나 그와 가까운 사람을 인터뷰한 내용을 넣으면 기사가 더 생생하게 전해질 거예요.

"사람들은 어떤 일이 궁금할까?"

사람들이 궁금해할만한 일, 알아야 하는 일, 감동받을 수 있는 일 등이 기삿거리로 적합합니다. 따라서 아이가 기삿거리를 찾을 때 자기 입장에서 생각하지 말고 그것을 읽는 사람들 입장에서 생각할 수 있도록 유도해 주세요. 기사의 가치를 정하는 기준을 알아두면 아이의 생각을 하나로 모을 수 있을 거예요.

기사의 가치를 결정하는 것

- 지난 일보다 최근의 일을 고른다.
- 되풀이되는 일보다 특별하고 예외적인 일을 고른다.
- 가까운 곳에서 일어난 일이나 사람들이 관심을 갖는 일을 고른다.
- 많은 사람들의 생각이나 생활에 영향을 미치는 일을 고른다.
- 덜 유명한 사람의 일보다 더 유명한 사람의 일을 고른다.

"진짜 기자처럼 취재해 보자."

자료 수집과 취재는 좋은 기사문을 작성하는 필수 요건이랍니다. 다양하고 풍부한 자료가 객관적이고 정확한 기사를 쓰게 하지요. 그리고 그 사건에 대해서도 공정한 태도를 갖게 하고요. 진짜 기자들은 현장 답사를 통해 자료를 수집하고 책과 인터넷, 전문서적을 참고해요. 또 그 사건과 관련된 사람을 인터뷰하고 필요에 따라서는 전문가도 인터뷰하지요. 아이가 이렇게까지 하기는 힘들지만 최대한 모을 수 있는 자료는 다 모으도록 합니다.

3 **"이제 기사를 쓰면 돼."**

기사문은 일단 있는 그대로 사실을 전달하는 글이에요. 그래서 사건을 설명하는 듯 쓰되 기사문의 형식에 맞게 정리하도록 합니다.

① 제목을 써요.

기사문에서는 이를 표제라고 하지요. 표제는 기사 내용 전체를 간결하게 나타내는 제복입니다.

② 부제를 써요.

표제만으로 내용 전달이 잘 안 된다고 생각되면 부제를 붙여서 보충합니다. 부제는 표제보다 더 구체적인 내용이 들어가야 해요.

③ 전문을 써요.

기사의 첫 문장을 말합니다. 기사의 전체 내용을 간단히 요약하면 됩니다. '어디에서 무슨 일이 일어났다.' 정도로만 쓸 수 있게 해 주세요.

④ 본문을 써요.

전문을 자세히 풀어씁니다. '누가, 언제, 어디서, 무엇을, 어떻게, 왜 했나'의 육하원칙에 따라 쓰면 됩니다. 이때 이 여섯 가지 중에서 중요하다고 판단하는 내용을 먼저 쓰도록 하세요. 기사는 중요한 내용을 앞에, 중요하지 않은 내용을 뒤에 쓴답니다. 관련된 사람을 인터뷰한 내용도 실어 봅니다.

⑤ 해설이나 소감을 덧붙여요.

기사 내용과 관련하여 참고 사항이나 보충 설명을 덧붙입니다.

⟨┼┼┼⊲ 기사 쓰는 방법을 알아도 선뜻 못 쓰는데요?

많은 아이들에게서 나타나는 현상입니다. 방법을 추상적인 글로 읽었기 때문에 아직 확실히 감이 잡히지 않는 것이지요. 이때 아이에게 **"육하원칙으로 써."**라는 말 대신 **"중요한 내용부터 쓰자."**고 말해 주세요. 아니면 "언제 어디서 누구에게 무슨 일이 일어났는지 한 문장으로 쓰자."고 얘기하면 됩니다. 그 다음 그 일의 원인이나 과정, 결과 등을 자세하게 쓰라고 하면 됩니다.

⟨┼┼┼⊲ 책을 읽고 기사문 형식으로 쓸 때는 어떻게 하나요?

책에는 많은 사건이 들어 있습니다. 따라서 책 내용 전체를 포괄하는 기사문보다 **한 가지 사건을 골라 간단하고 구체적인 기사문을 쓰게 하는 것이 좋습니다.** 이때 사건을 시간 순서대로나 원인과 결과의 방법으로 쓰도록 합니다. 그리고 주인공 및 관련 등장인물들을 인터뷰한 내용을 덧붙입니다.

〈독서 기사 쓰기의 소재〉

- 주인공에게 뜻밖의 일이 닥쳤을 때
- 주인공이 새로운 사람을 만났을 때
- 주인공이 위험에 처했을 때
- 주인공의 문제가 해결되었을 때

기사문에 느낀 점은 안 쓰나요?

기사는 일단 일어난 일을 객관적으로 쓰는 것이 원칙입니다. 하지만 **마지막 부분에 기자의 논평을 덧붙이기도 합니다.** 그 사건에 대한 소감이나 생각을 짧게 쓰는 것이지요. 이것이 바로 느낀 점에 해당한답니다. 대신 독후감처럼 길게 쓰는 것은 바람직하지 않아요. 한두 문장 정도로 짧게 씁니다.

왜 중요한 내용을 앞부분에 써야 하나요?

신문을 펼쳐 보면 한 면에 여러 개의 기사가 실려 있는 것이 보이지요? 그리고 그것을 작성한 기자들이 다 다를 거예요. 신문은 기자들이 기사를 쓰면 편집국에서 지면에 기사를 넣어 편집을 해서 만들어진답니다. 그러다 보면 양을 줄여야 하는 경우가 종종 생겨요. 다양한 기사를 실어야 하기 때문이지요. 그래서 중요한 걸 앞부분에 쓰는 거랍니다. 그래야 **기사를 줄일 때 뒤에서부터 빨리빨리 삭제하여 줄일 수 있으니까요.**

신문 읽기가 기사문 쓰기에 도움이 될까요?

매우 도움이 됩니다. 글쓰기는 기본적으로 모방을 통해 실력이 향상되기 때문에 **다양한 기사를 접하고 어떤 방식으로 내용을 전개했는지 보면 많은 도움을 받을 수 있어요.** 아이에게 특히 표제와 부제, 앞부분을 어떻게 썼는지 잘 보게 합니다. 그리고 어떤 사람들을 인터뷰했고, 어떤 사진이나 시각 자료를 첨부했는지 보도록 합니다.

사람의 마음을 움직여!
표어 짓기와 광고 만들기

표어와 광고는 사람의 마음을 움직여 그 행동을 하게 만드는 글입니다. 짧지만 큰 힘을 가진 글이니 가볍게 여기지 마세요.

13

마음 준비하기

아이들은 종종 아주 급하게 숙제를 말할 때가 있습니다. 정황을 보면 대충 이렇습니다. 선생님은 이미 일주일 전에 어떤 대회가 있다고 말합니다. 그런데 그 대회는 아이가 보기에 무척 쉬울 것 같습니다. 표어를 짓는 대회니까요. 표어는 무엇보다 글자 수가 정해져 있고 그것도 아주 짧기 때문에 아이들은 쉽다고 속단해 버립니다.

하지만 막상 대회 전날이 되면 어떤가요? 그제야 이 또한 쉽지 않다는 것을 깨닫습니다. 그래서 엄마를 보채지요. 표어를 써가야 하는데 어떤 걸 해야 하냐고 말이지요.

상황이 이쯤 되면 아이의 무성의와 부주의에 화가 납니다. 무슨 일이든 이 경우처럼 닥쳐야 겨우 대충 해 가는 것 같지요. 이때 화를 내지 말고 아이와 차분히 마주 앉아 천천히 생각을 떠올려 봅니다. 누가 어떤 행동을 하기를 바라는지, 왜 그런지 하나씩 사항을 검토하다 보면 멋진 글귀가 떠오를 거예요.

광고 만들기는 어떤가요? 역시 글은 짧고 그림까지 곁들이니 더 쉬울 것 같습니다. 어렵지는 않지만 그래도 멋진 카피를 만들고 이미지를 구성하는 일은 신경을 쓰고 노력해야 하는 일이에요.

단순히 광고 대상을 소개했다고 해서 끝나는 게 아니라, 사람들이 그것에 관심을 갖고 마침내 사고 싶은 마음이 생기게 하는 것이 중요해요. 그러려면 대상에 대해 잘 아는 것이 필수겠지요?

표어와 광고는 사람의 마음을 움직여 그 행동을 하게 만드는 글이랍니다. 짧지만 큰 힘을 가진 글이니 가볍게 여기지 마세요.

〈학교폭력 예방 표어〉

- 폭력은 부메랑이 되어 돌아옵니다.
- 존중하는 마음속에 학교폭력 사라진다.
- 따돌림 없는 반, 양심으로 지킨 행복

〈불조심 표어〉

- 설마 하고 버린 불씨, 십 년 강산 다 태운다.
- 불은 잘 쓰면 천사, 잘못 쓰면 악마
- 화재예방 앞장서서 행복가정 이룩하자.

〈교통안전 표어〉

- 생명을 지키는 안전 띠, 가족을 지키는 행복 띠
- 교통 신호는 모두의 안전을 지키는 생명 신호
- 운전 중 휴대폰 사용 사망으로 이어진다.

〈나라사랑 표어〉

- 지켜주신 우리나라 지켜가는 우리나라
- 나라사랑 마음 따라 커져가는 대한민국
- 가슴속에 나라사랑 생활속에 보훈사랑

> 글자 수를 맞춘 표어도 있고, 한두 글자 넘거나 덜한 표어도 있습니다. 표어는 지어 놓고 보면 이렇게 좀 뻔한 느낌이 들지만 그래도 호소력은 높습니다.

<피터 팬> 광고

3학년 박보람

> ● 책 내용보다 책에 대한 높은 평가를 중점적으로 광고했습니다. 사람들은 다른 사람이 많이 읽고 수 상도 받은 상품을 더 선호하는 경향이 있지요.

"사람의 마음을 확 잡는 표어를 지어 볼까?"

① 주제에 대해 충분한 대화를 나눠요.

표어는 아주 짧은 글이지만 바로 생각이 떠오르진 않아요. 주제에 대해 깊이 이해하고 어떤 구체적인 상황을 머릿속으로 그려 볼 수 있어야 좋은 표어를 지을 수 있답니다. 그래서 그 주제에 대해 이런 저런 이야기를 나눠 보아야 합니다. 그 과정에서 아이가 주제에 관심을 갖고 머리를 쓰기 시작할 거예요. 생각이 잘 떠오르지 않으면 관련 책이나 영상물, 이미지 등을 참고합니다.

② 표어를 지어요.

주제에 대해 이야기를 나눴다면 이제 생각을 좀 더 구체적으로 모아 표어의 대상과 목적, 그리고 내용을 정합니다. '나는 누구에게 어찌어찌하라고 말할 것이다. 왜냐하면 그것은 이런 저런 이유가 있기 때문이다.' 여기에 맞게 표어의 의미를 분명히 해 보세요. 이걸 줄여서 더 함축적이고 세련된 말로 바꾸면 표어가 된답니다.

③ 다듬어요.

표어는 긴 설명글이 아니기 때문에 낱말 하나하나에 핵심이 콕콕 들어가야 합니다. 그래서 표어를 지은 다음 더 좋은 낱말은 없는지 다시 한 번 생각해 봅니다. 또 사람들이 보았을 때 말이 자연스럽게 연결되는지 소리 내어 읽어 보세요. 어미나 조사가 어색하면 바꾸도록 해요.

Ζ "눈에 쏙 들어오는 광고를 만들어 보자!"

① 광고 대상에 대해 조사해요.

무엇을 광고할 것인지 정합니다. 책, 신상품, 공익을 위한 행동 등 여러 가지를 광고할 수 있습니다. 광고 대상을 정한 다음엔 그에 대한 구체적인 정보를 파악합니다. 특징, 장점, 단점 등 가능한 한 많은 점을 조사합니다.

② 어떤 점을 광고할지 정해요.

광고 대상의 특징 중에 어떤 면을 부각시킬지 생각해 봐요. 보는 사람이 가장 큰 관심을 가질 만한 내용을 정하면 됩니다.

③ 광고 카피를 정해요.

위의 내용을 담은 카피를 정해요. 카피는 표어나 시어처럼 짧으면서도 강렬해야 합니다.

④ 어울리는 이미지를 정해요.

광고 대상과 관련한 사진이나 이미지를 정해요. 크고 뚜렷한 이미지가 좋아요. 풍경만 나온 것보다 인물이나 동물이 나온 이미지가 좋답니다.

⑤ 위의 내용을 담은 광고를 만들어요.

가운데 윗부분에 큼직하게 카피를 적은 다음, 이미지를 그려 색칠하고, 설명글을 덧붙여요. 설명글 부분에 사람들의 평가나 반응 등을 써도 좋습니다.

⤙⟨ 표어 만들기를 할 때 글씨체는 어떻게 하는 것이 좋을까요?

학교에서 표어 과제를 낼 때 글만 써 오게 하거나 길거리 게시판에 붙어 있는 것처럼 아예 표로 만들어 오게 할 수 있습니다. 아니면 포스터로 그려 오라고 할 수도 있고요. 만약 표를 만들어 오게 한다면 보통 **고딕체(굴림체)로 쓰면 됩니다.** 이때 띄어쓰기는 꼭 맞추지 않아도 됩니다.

⤙⟨ 표어나 광고 카피를 지을 때 알아두면 좋은 표현법은 무엇인가요?

표어나 광고 카피는 매우 짧으므로 **강조의 효과를 주어야 합니다.** 다음과 같은 표현법을 알고 있으면 강렬한 인상을 심어 줄 수 있어요.

	의미	예시
비유	표현하고자 하는 대상을 다른 대상에 빗대어 표현하는 방법	안전 띠는 생명 띠입니다.
대구	비슷한 문장의 구절을 잇대어 표현하는 방법	방심하면 화재 조심하면 예방
대조	둘 이상의 대상의 차이점을 견주어 표현하는 방법	잘 쓰면 행복 잘못 쓰면 불행
인용	속담이나 격언을 활용하여 표현하는 방법	돌다리도 두드려 보기 꺼진 불도 다시 보기

포스터는 어떻게 그리나요?

포스터는 그림과 글이 조화를 이루어야 합니다. 그림이 글을 설명할 수 있어야 하고, 글은 그림의 의미를 제대로 담아야지요. 포스터에는 여러 가지 색깔은 쓰지 않는다는 걸 알고 있지요? 다섯 가지에서 일곱 가지 색깔 정도 사용합니다. 그리고 **그림을 간략화하고 상징적으로 표현해요.** 포스터를 잘 그리려면 평소 공공기관 게시판 등에 붙어 있는 포스터를 눈여겨 보기 바랍니다.

광고를 만들 때 그림을 많이 그리는 게 좋은가요?

광고는 사람들의 시선을 한 군데로 모으는 것이 가장 중요해요. 그러려면 **그림이 여러 개 들어가는 것보다 큼직하게 하나 들어가는 것이 좋겠지요?** 이건 꼭 한 개만 그리라는 뜻은 아니고, 하나의 이미지여야 한다는 뜻이에요. 그림이 몇 가지 들어간다고 해도 그것이 하나의 주제로 통일되어야 합니다.

표어를 지을 때 글자 수를 꼭 맞춰야 하나요?

표어는 따라 말하기 쉽고 표로 깔끔하게 정리할 수 있어야 하기 때문에 글자 수를 맞추는 것이 좋기는 합니다. **여덟 글자(4자, 4자), 열여섯 글자(8자, 8자)가 대표적이지요.** 그러나 요즘에는 정확히 맞지 않아도 운율이 느껴지고 의미가 확실하면 괜찮습니다. 그리고 보통 문장을 명사형으로 많이 끝내는데 서술형으로 끝내도 됩니다. 하지만 글이 너무 주절주절 길어지거나 설명형이 되면 안 되겠지요.

느낌을 가득 담아 노래처럼~
동시 짓기

억지로 꾸미거나 너무 깊게 생각하면 오히려 좋은
표현이 나오지 않습니다. 아이들의 있는 그대로의
감성을 존중해 줍니다.

14

🫖 마음 준비하기

       동시만큼 아이와 어른의 반응이나 태도가 확연히 차이 나는 글쓰기도 없을 것입니다. 아이들은 대체로, 특히 저학년일수록 '쉽다.' '재밌다.'는 반응을 보이지요. 반면, 어른들은 대부분 '어렵다.' '무슨 말인지 모르겠다.'며 고개를 절레절레 흔듭니다. 이런 차이를 보이는 이유는 무엇일까요? 그리고 이런 괴리 속에서 어떻게 아이에게 시 쓰기 도움을 줄 수 있을까요?

    시에 대한 반응의 차이는 '순수함'의 차이라고 볼 수 있습니다. 즉, 아이가 어른에 비해 더 순수하기 때문에 시를 쉽고 재미있다고 느끼는 것이지요. 물론 아이들이 접하는 시와 어른이 접하는 시가 수준 차이가 있기는 하지만요.

    시적인 표현은 대상을 있는 그대로 보고 느끼는 진솔함에서 나온답니다. 억지로 꾸미거나 너무 깊게 생각하면 오히려 좋은 표현이 나오지 않지요. 아이들은 기본적으로 진솔한 태도를 가지고 있잖아요? 자기가 아는 범위 안에서 있는 대로 보고 있는 대로 느끼고 있는 대로 표현하지요.

    그렇다면 아이들 시 쓰기 지도는 하지 않아도 될까요? 무리 없이 쓱쓱 쓴다면 칭찬과 격려로 동기 부여만 해 주세요. 하지만 아이들의 이런 태도는 영원하지 않을 거예요. 고학년이 되면서 시를 어렵게 느끼기 시작하지요.

    이때부터 우리가 어렸을 때 배웠던 시의 특징이나 표현법을 아이에게 하나씩 가르쳐 주면서 적용할 수 있도록 해 줍니다. 그렇다고 암기를 시키듯 억지로 주입하면 안 됩니다. 쉬운 예를 들고 상상력을 자극하면서 본격적으로 시에 대한 안목을 길러 주세요. 그러면 아이는 운율을 맞추고 참신한 표현을 고민하며 영리하게 시를 쓰게 될 것입니다.

토요일과 일요일

3학년 송시현

나는
토요일과 일요일만 좋아.
텔레비전, 게임을 실컷 해도 돼.
비디오도 봐도 돼.
친구와 엄청 놀아도 돼.
공부는 안 해도 돼.

> 토요일과 일요일에 실컷 놀아서 좋다는 느낌을 솔직하게 담았습니다.

도토리

1학년 서주아

데굴데굴 도토리가
다람쥐 품에서 도망간다.

뒹굴뒹굴 떼구르르
밤나무 옆에 쉬었다
우리 집으로 왔다.

점점 겨울이 온다.
잘 보관했다가
봄에 심어야지.

> 도토리가 움직이는 모습을 시각적으로 잘 표현했습니다.

10월

4학년 이유빈

10월이 되니
내 마음은 콩닥콩닥

열두 밤만 자면
열 번째 생일

시간을 잘라서
벽장 속에 감춰 둘까?

빨리 와라 생일아
그러곤 가지 마라.

> '시간을 잘라서 감춰 두다.'는 표현이 참신합니다. 시간이 빨리 가기를 바라는 마음, 생일이 계속되기를 바라는 마음이 느껴집니다.

시험

5학년 정유진

시험은 시시해.
재밌는 게 하나도 없네.

시험은 싫증나.
보면 볼수록 지겹네.

> '시', '해/네', '보' 등의 글자를 반복하여 리듬을 살리고 있고, 시험에 대한 마음을 솔직하게 표현했습니다.

 **"무엇에 대해 시를 쓸까?"**

먼저 무엇에 대한 시를 쓸 것인지 얘기를 나눠 봅니다. 최근에 가장 인상 깊었던 일이나 마음에 쓰이는 물건에서 글감을 찾으세요. 그래야 생각이 술술 떠오른답니다.

 **"이야기처럼 장면을 상상해 보자."**

그 일이나 물건과 관련된 장면을 자세히 떠올려 보도록 합니다. 그때의 기분이나 마음, 꼬리에 꼬리를 물어 생각나는 것들을 자유롭게 상상해 보세요. 마인드맵을 이용하면 생각이 술술 날 거예요.

 **"글로 표현해 볼까?"**

① 연과 행을 구분해요.
시가 겉으로 보기에 다른 글들과 가장 다른 점은 연과 행이 구분되어 있다는 것입니다. 연과 행을 꼭 구분해야 하는 건 아니지만 여러 개의 연으로 나누어 쓰는 연습을 하면 느낌을 정확하게 표현할 수 있지요. 하나의 연에는 하나의 생각과 느낌을 담습니다. 생각이나 느낌, 표현하는 대상이 달라지면 연을 바꾸어야지요.

② 같은 말이나 글자 수를 반복해요.
시어는 리듬감이 있어야 합니다. 같은 글자나 음운, 구절을 반복하거나, 글자 수를 일정하게 맞추면 운율이 느껴지지요.

③ 느낌을 솔직하게 써요.

어른처럼 꾸며서 쓰기보다 아이가 직접 느낀 감정을 솔직하고 생생하게 표현하도록 합니다. 힘듦, 속상함, 짜증남, 기분 좋음, 상쾌함 같은 감정을 느꼈던 경험을 중심으로 써요. 근사한 내용이 아니어도 괜찮아요.

④ 닮은 점으로 써요.

원래 말하고 싶은 대상이나 느낌을 다른 것에 빗대어 씁니다. 이를 비유법이라고 하지요. 대표적인 것이 직유법과 은유법이에요. 직유법은 '마치 ~인 듯' '~처럼' '~와 같은' 등의 표현을 직접적으로 쓰는 것이고, 은유법은 'A는 B이다.'의 꼴로 표현되지요.

⑤ 사람인 것처럼 써요.

표현하려는 사물이 직접 말을 하거나, 시를 쓰는 사람이 그 사물에게 말을 거는 것처럼 쓸 수도 있습니다. 바로 의인화지요. 예를 들어 "연필아, 연필아, 너는 참 뾰족하구나."하고 말을 걸 듯 쓸 수도 있고, "내 이름은 연필 / 머리엔 지우개 / 몸속엔 검은 심"하고 연필이 직접 말하는 것처럼 쓸 수도 있지요.

⑥ 남들이 쓰는 표현은 쓰지 않도록 노력해요.

시에 쓰는 표현은 침신해야 헤요. 그래야 시로서 가치가 생긴답니다. 참신한 표현을 쓰려면 평소 책도 많이 읽고 대화도 많이 나누어 새로운 어휘를 자꾸자꾸 늘려야 해요. 예를 들어 '울긋불긋 단풍잎', '사과 같은 내 얼굴', '쓸쓸한 가을' 같은 표현들은 매우 상투적이지요.

ONE-POINT LESSON

⊂⊢⊢⊣◁ 연과 행을 꼭 구분해야 하나요?

시에는 산문시도 있습니다. 산문시는 마치 산문처럼 연과 행의 구분이 없지요. 하지만 소리 내어 읽으면 반복되는 말들이나 어구가 있어서 운율이 느껴진답니다. 따라서 아이가 시를 쓸 때도 **꼭 연과 행을 구분할 필요는 없어요.** 그래도 시에 대한 기본적인 감각을 기르기 위해 생각의 단위인 연을 나누게 하고, 리듬이 느껴지게 행을 구분하게 해 봅니다.

⊂⊢⊢⊣◁ 짧게 표현하기를 어려워해요

시어는 다른 언어와 달리 함축적이에요. 은연중에 이 부분을 강조하다 보면 아이가 표현을 두려워하게 되지요. 무언가 대단한 뜻을 담은 낱말을 써야 한다는 강박이 생길 테니까요. 이럴 경우 **글자 수를 맞추는 연습부터 해 봅니다.** 예를 들어 네 글자씩 마디를 나눠 써 보게 하는 거예요. 아이가 좋아하는 노래의 노랫말을 바꿔 보는 것도 좋은 연습 방법이랍니다.

⊂⊢⊢⊣◁ 표현법을 가르쳐야 하나요?

표현법의 이름을 가르치지는 않아도 됩니다. 고학년 때부터는 국어 시간에 다 배우기 때문이지요. 하지만 **그 방법을 알려 주는 것은 시 쓰기에 매우 도움이 된답니다.** 예를 들어 '직유법'이라는 용어는 말해 주지 않더라도 '바다가 무엇처럼 파란 것 같아?'라고 물어 보면서 '처럼'이라는 말을 넣어 빗대어 표현할 수 있음을 알려 주는 것이지요.

주제가 주어지면 더 쓰기 어려워해요.

아이들은 생각이 자유분방하기 때문에 글쓰기를 할 때도 자유 주제를 더 편하게 생각합니다. 그래서 시의 주제가 제시되면 오히려 어떻게 써야 하는지 갈피를 못 잡지요. 이때는 **그 주제에 대해 다양한 이야기를 주고받으며 상상력을 자극해야 합니다.** 예를 들어 통일에 대한 시를 쓸 때는 이산가족이 되어 본다거나 우리 국토가 되어 어떤 마음일지 상상해 보는 것이지요. 그럼 감정이 생기고 이미지가 떠오르기 때문에 생생한 시를 쓸 수 있을 거예요.

이미지란 무엇인가요?

시를 읽어 보면 마치 그림을 보는 것처럼 어떤 장면이 생생히 떠오를 거예요. 이미지를 드러내는 말들을 썼기 때문이지요. **이미지란 마음속에 떠오르는 감각을 말합니다. 우리말로는 '심상'이라고 하지요.** 시각, 청각, 후각, 촉각, 미각적 이미지 등이 있어요. 예를 들어 '눈이 예쁘다.'고 하기보다 '동글동글한 눈'이라고 쓰는 거예요.

대표적인 표현법을 말해 주세요.

앞에서 직유법, 은유법, 의인법에 대해서는 설명했어요. 그 외 대표적인 표현법에는 **반복법, 설의법, 영탄법** 등이 있답니다. 반복법은 말을 되풀이하여 강조하는 느낌을 주는 거예요. 설의법은 문장의 끝을 의문형으로 바꿔 표현하는 것이지요. '아름답다.'를 '아름답지 않은가?'라고 쓰는 거예요. 그럼 글쓴이의 생각이 더 강하게 전달되겠지요? 한편, 영탄법은 문장의 끝을 감탄형으로 쓰는 거랍니다. '아름답구나!'라고 말이에요.

칭찬

칭찬의 교육적 효과는 두 말 하면 잔소리일 정도로
대단하다고 알려져 있습니다.
오죽 했으면 '칭찬은 고래도 춤추게 한다.'는 말이 있을 정도일까요.

그래서인지 아이가 잘하기를 바라는 부모나 교사 중엔 칭찬을 남발하는
경우가 종종 있습니다.
이것도 효과가 있을까요?

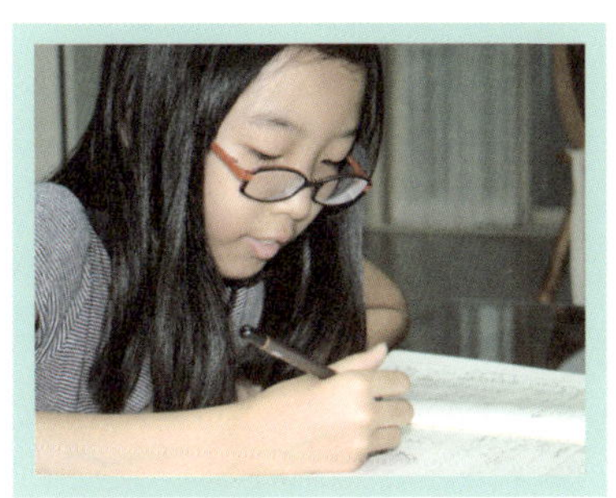

아이에게 칭찬하는 것, 이는 분명 잘하는 일입니다.

하지만 그 내용이나 방법은 한번쯤 고민해 보아야 합니다.

칭찬이 효과가 있으려면

아이에게 약이 되는 칭찬이라야 합니다.

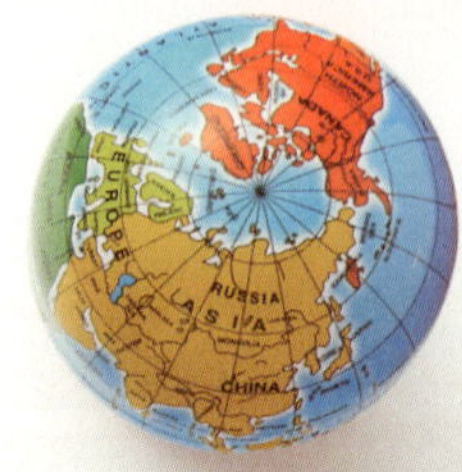

무조건 잘했다는 칭찬,
그냥 다 잘했다는 칭찬은
독이 되는 칭찬입니다.

이는 두 가지 면에서 아이에게 좋지 않은 영향을
미칩니다. 하나는 사소한 지적도 받아들이기 힘든
약한 마음을 갖게 할 수 있고, 다른 하나는 더 이상
발전하지 않을 수 있다는 것입니다. 무엇이 진짜
좋은지 모르니까요.

칭찬은 구체적인 칭찬, 진심에서 우러나오는 칭찬이어야 합니다.
아이의 글을 읽고 다른 점, 독특한 점을 적어도 한 가지는 찾습니다.
생각이든 표현이든 어느 것이든 구체적으로 콕 집어서,

"어떻게 이런 생각을 했어? 멋지다."
"표현이 정말 시인 같다."

하고 말해 주세요.
때론 환하게 웃으며, 때론 깜짝 놀라며 말입니다.
그러면 아이는 다음번 글쓰기에서도 그런 생각과 표현을 해 보려고
저도 모르게 노력하게 됩니다.

꼬마 작가가 되어 볼래?
이야기 짓기

아이가 어느 정도는 이야기의 세계 속에 빠져 살도록
배려해 주세요. 그 안에서 아이의 상상력과 창의력과
잠재력이 무한히 자랄 테니까요.

마음 준비하기

아이들은 이야기를 좋아합니다. 지식 책과 동화책 중에서 고르라고 하면 대부분의 아이들은 주저 없이 동화책을 고르지요.

아이들이 이야기를 좋아하는 이유는 이야기의 세계가 아이들의 정신세계와 매우 닮았기 때문이에요. 이야기 속에서는 불가능한 일이 없지요? 매우 비현실적이에요. 아이들의 정신세계도 마찬가지입니다. 요정이 살고 마법이 일어나고 현실 세계에 어디에도 없는 낯선 곳으로 쉽게 여행을 떠나지요.

아이들은 이야기 속에서 스트레스를 풀고 불안을 다스립니다. 그래서 어렸을 때 지식 책만 읽기를 강요받은 아이는 정서가 메마르고 냉정한 성인으로 성장할 가능성이 높아요. 그러면 타인을 이해하는 공감 능력도 떨어지고 문제가 생기면 해결하지 못해 어쩔 줄 몰라 하지요.

따라서 아이가 어느 정도는 이야기의 세계 속에 빠져 살도록 배려해 주세요. 그 안에서 아이의 상상력과 창의력과 잠재력이 무한히 자랄 테니까요.

아이들은 이야기를 좋아하는 만큼 이야기 짓기도 좋아합니다. 문장으로 말할 수 있을 때부터 머릿속으로 떠오른 이야기들을 말하기 시작하지요. 새들이 놀고 있다, 개미가 소풍을 간다, 나무가 아프다고 말한다 등 진짜 겪은 것처럼 말해요. 아이 입장에서 이건 사실(!)이랍니다. 이런 표현을 '거짓'이라고 비난하지 말고 키워 주세요.

학년이 올라가면서 논리적이고 분석적인 사고가 발달해도 이야기를 짓는 아이 고유의 재능을 무시하거나 억압하면 안 됩니다. 21세기는 상상력과 창의력의 시대라고 하지요? 이게 바로 그걸 키우는 직접적인 방법이랍니다!

네버랜드로 돌아간 웬디!

5학년 이유빈

집으로 돌아온 웬디는 네버랜드에 무슨 일이 생긴 것 같은 불길한 예감이 들었다. 아니나 다를까 팅커벨이 나타났다.

"웬디, 피터가 위험해! 악어에게 잡히고 말았어! 어서 나와 함께 네버랜드로 가자!"

"어머, 정말?"

웬디는 깜짝 놀라 팅커벨을 따라갔다.

"누나, 우리도 갈래!"

언제 왔는지 존과 마이클이 옆에 와 있었다. 웬디는 팅커벨을 보았다. 팅커벨이 어쩔 수 없다는 듯 고개를 끄덕였다. 이렇게 해서 존과 마이클도 함께 갔다. 이번에도 팅커벨이 또 요정 가루를 뿌려 주어서 날 수 있었다.

네버랜드에 간 웬디, 존, 마이클은 피터를 찾으러 늪으로 갔다. 악어는 아직 보이지 않았다. 존이 꾀를 냈다. 자기와 팅커벨이 악어를 유인하면 웬디와 마이클이 피터를 구하는 것이다. 이렇게 해서 피터를 구하게 되었다.

웬디는 엄마, 아빠에게 편지를 보내고 피터와 팅커벨과 함께 네버랜드에서 오래오래 살았다. 물론 존과 마이클도 함께 말이다.

❯ 〈피터 팬〉의 뒷이야기를 지은 것입니다. 피터 팬이 위기에 처한다는 설정으로 새로운 사건을 전개하고 있습니다.

인형 나라 모험

3학년 최예린

인형 나라에 가 보았다.

제일 먼저 내 인형 더지가 보였다.

"안녕, 예린! 어서 와."

더지는 나를 보더니 활짝 반기면서 인형 나라는 자기 고향이라고 했다. 그리고 내가 올 줄 알고 이렇게 마중을 나온 거라고 했다. 나는 더지가 스스로 말하는 게 놀라웠다. 하지만 더지는 아무렇지도 않게 인형 나라에 오면 누구나 말할 수 있다고 했다.

더지와 여기 저기 구경을 하면서 걷고 있을 때, 뽀로로와 친구들이 우리에게 인사를 건넸다. 또 내가 어렸을 때부터 가지고 놀던 인형들도 인사를 했다.

한참 후 힘이 들어서 쉬고 있는데 여러 인형들이 우리에게 음식을 갖다 주었다. 토끼 인형은 당근을 가지고 왔다.

"고맙지만 사양할게. 나는 당근을 못 먹어."

토끼 인형은 아쉽다는 듯 어깨를 한번 으쓱이고는 가 버렸다. 나는 다른 음식들을 먹었다.

"이제 집에 갈 시간이야."

더지가 내 손을 이끌었다. 아쉬웠지만 인형 나라 친구들과 작별 인사를 나누고 집으로 돌아왔다.

---

1 "어떤 이야기를 쓸까?"

다짜고짜 생각을 떠올릴 수는 없습니다. 어떤 형식의 이야기를 쓸지부터 정해 보세요. 다음과 같은 형식이 있답니다.

- 옛날이야기
- 어린 시절 이야기
- 모험 이야기
- 오싹하고 무서운 이야기
- 못난이가 성공하는 이야기

* 재미있고 우스운 이야기
* 친구들과 겪은 학교생활 이야기
* 시간 여행 이야기
* 마음을 설레게 하는 사랑 이야기
* 아주 슬픈 이야기

 "재미있는 내용을 생각해 보자."

이야기에 들어가는 구체적인 내용들을 하나씩 정해 봅니다. 생각을 다양하게 많이 할수록 더욱 재밌고 완성도 높은 이야기를 지을 수 있을 거예요.

① 주인공을 정해요.

주인공과 주요 등장인물을 정합니다. 주인공의 이름, 생김새, 성격, 취미, 특기, 가족 관계 등 구체적이고 자세하게 정할수록 좋아요. 주요 등장인물은 주인공과의 관계를 고려해 지으면 됩니다. 주인공의 친구, 가족, 라이벌(적대자), 조력자(도움을 주는 사람) 등이 있지요. 등장인물이 많지 않을 수도 있습니다.

② 시간적, 공간적 배경을 정해요.

언제, 어디에서 일어난 일인지 정해 봅니다. 사건이 일어나는 배경입니다. 옛날 이야기는 시간과 공간이 구체적이지 않습니다. '옛날에 어느 산골 마을에~'와 같이 두루뭉술하게 시작되지요. 다른 이야기들은 구체적인 시간과 공간을 정하는 것이 좋답니다. 모험 이야기나 환상 이야기는 보통 새로운 세계를 창조하지요.

③ 주요 사건을 정해요.

사건은 크게 다섯 토막 정도 생각해 봅니다. 어떤 문제나 갈등을 정한 뒤, 그것이 어떻게 해서 생겨나고 위기가 닥치고 해결되었는지 쓰면 됩니다.

사건이 전개되는 과정

- 발단 : 주인공과 배경이 나오고, 사건이 시작되려고 하지요.
- 전개 : 사건이 진행되고 인물들 간에 갈등이 싹틉니다.
- 위기 : 갈등이 심해지고 주인공이 위험에 처합니다.
- 절정 : 갈등과 문제가 폭발합니다.
- 결말 : 갈등이나 문제가 해결됩니다.

3 "이제 재미있게 써 보자."

실제 이야기를 쓸 때는 설명과 대화를 적절히 섞어 쓰면 됩니다. 어떤 배경이나 상황은 설명하듯 쓰면 되고, 등장인물들의 만남과 갈등은 대화문으로 쓰면 생생하지요.

◁+++◁ 내용이 뒤죽박죽이에요.

생각이 마구 떠오르는데다 성격이 급하면 내용을 뒤죽박죽 쓸 수 있어요. **쓰기 전에 인물의 성격이나 특징, 배경, 중심 사건 등을 자세히 정하도록 하세요.** 대화를 충분히 나누고 개요를 짠 다음 쓰도록 하면 이런 문제를 극복할 수 있답니다.

◁+++◁ 죽고 죽이는 잔인한 이야기를 지어요.

남자 아이들 중에 잔인하고 공포스러운 이야기를 짓는 아이들이 많습니다: 공동묘지, 귀신, 전쟁, 총, 칼, 피 등이 등장하지요. 이건 분명 아이들 마음을 반영한 것입니다. 그런데 그 마음이란 잔인하고 폭력적인 마음이라기보다는 스트레스와 불안으로 인해 상처 입은 마음이지요. 누구나 억압받고 비난을 받으면 내면에 분노가 자라고 그것이 지나치면 표출된답니다. 화를 내고 욕을 하고 친구를 때리고 억지를 부리고 자지러지게 우는 거지요. **아이들이 글로 이런 마음을 표출할 수 있도록 해 주고, 생활 속에서 어떤 스트레스와 불안이 있는지 면밀히 파악하여 그 부분을 해소해 주세요.**

◁+++◁ 짧게만 써요.

논리적이고 분석적인 사고에 젖어 있는 아이, 문제풀이에만 길들여져 있는 아이들이 이런 모습을 보이지요. 이럴 땐 **아이가 한 문장씩 쓸 때마다 다음 상상을 자극하는 구체적인 질문을 해 주세요.** 그럼 연결해서 차근차근 생각을 전개해 나갈 거예요.

⊱⊰ 상상력이 너무 없어요.

아이들은 상상력이 없는 게 아니라 억압된 것입니다. 상상력이 없는 아이는 없어요. 지나친 선행 학습과 지식 중심의 교육을 받고 충분히 놀지 못하면 감정이 억눌려 상상력도 막혀 있지요. 이런 경우는 일단 뛰어놀 수 있도록 해 주고, **주변 인물이나 사물을 주인공으로 하는 이야기를 짓도록 해 봅니다.** 어떤 사물이 만들어지는 과정을 이야기로 써 보게 하면 조금씩 상상력이 발휘될 거예요.

⊱⊰ 어떤 이야기를 쓸지 막연해 해요.

'모방은 창조의 어머니'라는 말이 있지요? 글쓰기 중에서도 이야기 짓기는 이 말에 딱 들어맞습니다. **아이가 좋아하는 그림책이나 동화책을 하나 골라 내용을 다시 쓰게 해 보세요.** 책에 '은빛마을에 수민이가 살았습니다.'라고 나왔다면 '초록마을에 초롱이가 살았습니다.'는 식으로 바꿔 보는 거예요. 그럼 이미 있는 틀에 내용물만 바꾸는 거니까 어렵지 않고, 또 쓰다 보면 상상력이 자극되어 어느 순간 자기가 직접 지은 이야기를 쓰고 있을 거예요.

⊱⊰ 꼭 형식에 맞게 순서대로 써야 하나요?

저학년이고, 이야기를 술술 잘 짓는 아이라면 쓰는 대로 쓰게 내버려 두어도 일단 괜찮습니다. 지금은 창의력과 흥미를 키우는 것이 더 중요하기 때문이지요. 하지만 언제까지 이렇게 쓸 수만은 없답니다. 분명 한계가 올 거예요. 그때 이야기 짓기의 형식과 순서, 생각을 정리하는 기준 등을 간단히 얘기해 주세요. 그럼 아이의 재능에 날개가 달릴 거예요.

생생한 대화가 살아 있도록! 대본 쓰기

대본을 쓰면서 아이들은 자신의 새로운 재능을 감지할지 몰라요. 그리고 그것이 실제 상연되는 걸 경험하면서 표현력도 쑥쑥 자랄 것입니다.

16

마음 준비하기

     5학년 사회 교과서를 보다가 깜짝 놀란 적이 있습니다. 알다시피 5학년 사회에서는 우리나라 전 역사를 배워요. 예전에 역사를 배울 때 어떤 방법으로 배웠는지 기억나나요? 아마 중요한 내용에 밑줄을 긋고 암기하면서 배웠을 거예요. 교과서 학습활동도 대부분 배운 지식을 테스트하는 문제들이었지요.

    그런데 바뀐 사회 교과서는 매우 달랐습니다. 역사 지식이 요약적으로 제시되지도 않았을 뿐더러 학습활동에도 매우 창의적인 문제들이 나와 있었거든요. 교과서 본문은 실제 문서 자료와 이미지가 많았고, 학습활동에는 역사 신문 만들기, 인물 인터뷰하기, 연대표 만들기, 상장 만들기 등 다양한 활동들이 제시되어 있었지요. 이 중 눈길을 끈 건 바로 역할극 만들기였답니다. 아이들에게 물어 보니 실제로 역할극 대본을 써서 발표도 했대요.

    알고 보니 역할극이나 연극은 초등 교육과정에서나 중등 교육과정에서 발표하는 한 가지 방법으로 제시되어 있었습니다. 그러니까 국어 시간에 조별 연극 발표 외에도 과학 시간에 탐구보고서를 발표할 때도 역할극으로 하는 것이지요. 다른 과목에도 다 적용이 되고요.

    예전에는 극본 같은 글은 그 분야에 재능이 있거나 그 일을 하는 꿈을 가진 사람들만 쓰는 글이라고 생각했어요. 하지만 지금은 아니에요. 전문가만 무언가를 하는 시대는 이미 지났지요. 누구나 적절한 표현 방법을 익히고 그걸 쓸 수 있답니다.

    대본을 쓰면서 아이들은 자신의 새로운 재능을 감지할지 몰라요. 그리고 그것이 실제 상연되는 걸 경험하면서 표현력도 쑥쑥 자랄 것입니다.

이야기 바꿔 쓰기

솔로몬의 재판

4학년 조아미

　　의자에 솔로몬 왕이 앉아 있고 양 옆에 군사들이 창을 들고 서 있다. 아이 앞쪽으로 왼편에는 진짜 엄마가 있고 오른편에는 가짜 엄마가 고개를 숙이고 앉아 있다. 엄마들 앞에 있는 아기 바구니 안에 아기가 있다.

가짜 엄마: 현명한 왕이시여, 이 아기는 제 아기입니다.

진짜 엄마: 아닙니다. 제 아기가 틀림없습니다.

가짜 엄마: 왕이시여, 저 여자의 말에 속아 넘어가지 마십시오.

진짜 엄마: 제 말 좀 들어 보세요. 어젯밤에 우유를 먹여 재웠는데, 아침에 일어나 보니 저 여자가 품에 안고 있었습니다.

가짜 엄마: 아닙니다. 제가 아기를 목욕시켜 안고 있는데 저 여자가 자기 아기라고 우겼습니다. 아마 정신이 돈 듯합니다.

왕: 아기를 내게 줘 보시오.

병사 아기를 안고 왕에게 가서 드린다.

왕, 아기 얼굴을 보고 엄마들의 얼굴도 본다. 고개를 갸우뚱 한다.

왕: 어허, 얼굴을 봐서는 도무지 판단하기가 어렵군.

(중략)

> 모두 알고 있는 솔로몬 왕의 재판 이야기를 희곡으로 바꿔 썼습니다. 인물의 표정이나 행동을 제시하는 지시문도 써야합니다.

피는 물보다 진하다

6학년 박형준

때 : 받아쓰기 시험을 보고 난 뒤
장소 : 집
나오는 사람들 : 우석(형), 우민(동생), 어머니

무대 가운데 책상이 두 개 나란히 있고, 각각 우석이와 우민이가 나란히 앉아 공부를 하고 있다. 우석이는 수학 문제를 풀고 있고, 우민이는 받아쓰기 연습을 한다. 둘은 장난도 치고 서로 노려보기도 한다.

우석 : 너는 그런 문제도 틀리냐?

우민 : (반항하는 눈빛으로) 내가 뭘?

우석 : 받아쓰기 말이야. 창피하지도 않아?

우민 : 모르면 틀리는 거지.

우석 : (꿀밤을 한 대 때리며) 뭐라구? 그건 집안 망신이야!

우민 : (엉엉 울며) 왜 때려? 형이면 다야?

그때 엄마가 등장한다.

엄마 : 너희들 또 싸우니?

(중략)

● 일상생활에서 흔하게 일어나는 일을 소재로 극본을 썼습니다. 해설과 지문, 대화가 적절하게 제시되어 있네요.

1 "어떤 희곡을 쓸까?"

재미있고 우스운 이야기, 일상에서 일어나는 평범한 이야기, 주인공이 불행해지는 비극적인 이야기, 환상 세계에서 일어나는 모험 이야기 등이지요. 보통 아이들 과제로는 일상생활 속에서 일어나는 일을 소재로 하는 역할극이 주어진답니다.

2 "내용을 생각해 보자."

① 등장인물을 정해요.

주인공뿐만 아니라 등장인물을 모두 정해야 합니다. 생김새와 성격, 하는 일 등을 아주 구체적으로 정해야 해요. 이야기는 등장인물 수가 제한이 없지만 희곡은 제한이 있답니다. 많은 인원을 등장시킬 수 없어요. 왜냐하면 희곡은 무대 상연을 전제로 하니까요. 누가 연기를 할 수 있는지 파악한 뒤 그에 맞게 인물을 정해야 해요. 물론 장면이 겹치지 않는다면 한 사람이 두 사람 이상의 연기도 할 수 있으니 꼭 인원수에 맞게 정하지는 않아도 된답니다.

② 장소와 때를 정해요.

언제 어디에서 일어나는 일인지 정합니다. 이 역시 무대를 염두에 두고 정해야 해요. 특히 장소는 무대에서 표현할 수 있도록 구체적이어야지요. 숲속이라면 나무의 종류와 수, 오솔길, 풀이나 꽃 등 무대에 설치해야 하는 것들을 떠올려 보도록 해요.

③ 사건을 정해요.

등장인물들 사이에 어떤 문제가 생기고 어떻게 해결되는지 정합니다. 사건의 흐름은 이야기 구성을 참고하세요.

3 "재미있게 써 볼까?"

희곡은 다른 글과 달리 형식적인 제약이 가장 많은 편입니다. 써야 하는 방법이 딱 정해져 있어요. 이 역시 무대 상연을 전제로 하기 때문에 그렇지요. 무대에서 공연될 수 있도록 써야 하거든요. 무대는 어떻게 꾸미고 등장인물들은 어떻게 연기하는지를 중심으로 쓰는 거예요. 형식은 다음과 같습니다.

 희곡의 형식

* **해설** : 희곡의 첫머리 부분으로 막이 오르기 전후에 필요한 무대 장치, 인물, 배경(시간적, 공간적) 등을 설명한 부분입니다. 자세하고 구체적으로 씁니다.
* **대사** : 등장인물들이 하는 말입니다. 희곡에서 가장 중요하지요. 주제와 사건이 대사를 통해 전달되니까요. 대사에는 다시 세 가지 형태가 있습니다.
  * 대화 : 두 사람 이상의 등장인물들이 서로 주고받는 말
  * 독백 : 대화를 나누는 사람 없이 혼자 하는 말
  * 방백 : 대화를 하는 중에 관객에게는 들리지만 상대방에게는 들리지 않는 것으로 약속하는 속마음 말
* **지문** : 배경, 효과, 조명, 등장인물의 행동, 표정, 심리 등을 지시하고 설명하는 글입니다. 현재형으로 씁니다.

역할극은 어떻게 쓰나요?

역할극이란 어떤 구체적인 상황이나 문제 속에서 맡은 특정한 역할대로 연기하는 것을 말합니다. 학교에서 있었던 일, 집에서 있었던 일, 친구들과 있었던 일들 중에서 문제가 되는 일, 해결이 필요한 일을 골라 그 상황 속에 있는 인물들이 어떤 대화를 주고받는지 쓰면 됩니다. 이때도 표정이나 행동을 지시하는 지시문을 써 줍니다.

이야기를 대본으로 바꿔 쓰는 연습이 도움이 될까요?

이미 알고 있는 이야기를 희곡으로 바꿔 써 보면 더 쉽게 희곡 쓰기를 배울 수 있습니다. 이야기에 나온 대화는 모두 대사로 바꾸고, 설명 중에서도 중요한 부분은 인물이 직접 말하는 것으로 바꿔 봅니다. 그리고 행동이나 성격을 묘사한 부분은 지시문을 바꿉니다. 참, 이야기처럼 장소나 시간을 여러 번 바꾸는 것은 안 됩니다. 복잡한 구성은 안 되고 단순하게 해야 합니다.

쓰긴 했는데 막상 공연을 하니 이상해요.

쓸 때 항상 무대와 연기를 생각하고 써야 합니다. 대사가 너무 길거나 말투가 아니라 글투라면 연기가 어색할 수 있어요. 또 복잡한 무대 구성이거나 반대로 아예 무대가 없으면 몰입이 떨어지지요. 공연을 하기 전에 이런 부분을 염두에 두고 다시 고쳐 써 보세요.

역할극으로 발표한다는 건 무슨 뜻인가요?

발표 내용과 관련하여 구체적인 예나 상황을 보여 주는 것입니다. 예를 들어 방언을 조사하여 발표한다고 했을 때, 전라도 사람과 경상도 사람이 만나 이야기를 나누는 장면을 역할극으로 잠깐 소개하는 것이지요. 이때 발표를 하는 사람의 소개 멘트("이 상황을 역할극으로 보실까요?")에 따라 진행합니다.

해설자를 넣어도 되나요?

희곡에 해설자가 들어가면 소설처럼 사건이나 등장인물의 내면을 요약적으로 설명해 줄 수 있습니다. 그래서 어린이 연극에 많이 나오지요. 하지만 **연극의 매력은 뭐니 뭐니 해도 배우의 대사와 연기이므로 해설자의 설명이 많이 들어가는 것은 좋지 않습니다.** 꼭 필요한 부분, 예를 들어 갑작스런 사건 전개, 관객이 이해하기 어려운 경우에만 넣습니다. 참, 합창단(코러스)이 뒤에서 노래로 해설자의 역할을 대신해 줄 수도 있답니다.

아이들 혼자 대본을 쓰는 건 어렵지 않을까요?

사실 대부분의 아이들은 문학 창작에 소질이 있습니다. 기본적으로 이야기를 좋아하고 상상하는 걸 즐기기 때문이지요. 해 보면 다른 어떤 장르보다 희곡을 더 잘 쓴답니다. 이건 대화로만 이루어져 있기 때문이지요. **구체적인 상황 설정만 함께 해 주고 몇 마디 말을 직접 주고받기 해 보면 아이 혼자 알아서 쓱쓱 쓸 거예요.** 설령 결과물이 기대보다 낮다 하더라도 실망한 빛을 보이지 말고 격려하고 응원해 주세요.

모범

좋은 글의 기준은 분명 창의성입니다.
뻔하지 않은 참신한 내용과 표현은 글에 생명을 불어넣지요.

그렇다면 아이들은 글을 잘 쓸 가능성이 매우 높습니다.
평소 행동이나 말을 보면 창의적인 요소가 다분하니까요.
어른은 생각지도 못한 부분을 콕 집어내어 자기만의 해석을 내놓지요.

하지만 직접 읽어 본 아이의 글은 어떤가요?

기대했던 대로 창의적인가요?

아마 아닐 것입니다.

오히려 단순하고 단조롭고 구태의연하기까지 하여 실망할지도 모릅니다.

무엇이 문제일까요?

문제는 창의성이라는 것도

'배움'을 통해 길러진다는 사실을 모른다는 데 있습니다.

'모방은 창조의 어머니다!'

라는 말을 자주 들어보았을 것입니다.

글쓰기만큼 이 말이 딱 들어맞는 활동도 없습니다.

소설가 지망생들이 소설을 쓰기 위해 처음에 하는
것도 그대로 베껴 쓰는 것과 조금씩 바꿔 써 보는
것이지요. 이 과정을 통해 이들은 소설 창작의
원리를 터득하게 됩니다.

글을 잘 쓰도록 하기 위해서는 단순히 책을 많이 읽는 데서
그치는 것이 아니라 쓰고자 하는 글의 좋은 샘플을 보고 따라
써 보게 합니다.
아이가 글을 쓰는 원리, 창조의 원리를 몸으로 직접
터득할 수 있도록 말입니다.

아이는 절대로 있는 그대로 완전히 다 따라 쓰지는 않습니다.
어떤 내용과 형식으로 쓰는지 두 눈으로 확인하고 나면 비로소
'아, 이렇게 쓰는 거구나.'
하며 글쓰기에 대한 감을 잡지요.
그러면 놀라울 정도로 쉽고 빠르게 자기 글을 씁니다.

이모저모 소식을 담아 볼까?

가족 신문과
독서 신문 만들기

아이에게 기사의 종류와 형식, 표현하는 방법 등을 조언
해 주세요. 그래야 아이가 어떤 기사를 어떻게 쓸지
현명한 결정을 내릴 수 있습니다.

17

마음 준비하기

신문 만들기 과제가 나오면 기분이 어떤가요? 혹시 숨이 턱 막히나요? 신문이라면 글을 한두 개 썼다고 되는 게 아니니까요. 게다가 어떤 내용으로 써야 하는지도 막연하지요.

그럼 옛날 기억부터 떠올려 볼까요? 초등학교, 중학교에 다닐 때 혹시 학급 신문을 만들었던 기억이 있나요? 직접 만들지는 않아도 게시판에 붙어 있는 길 본 적은 있을 거예요. 학기 초, 환경 미화의 단골 소재였을 테니까요. 여기에 어떤 내용들이 실려 있었나요? 아마 반 아이들 생일이나 학급 소식, 급훈, 자랑거리, 퀴즈, 유머, 만화 등등이 실려 있었을 것입니다.

바로 이것입니다! 학급 신문은 학급을 주제로 만든 신문이고, 가족 신문은 가족을 주제로, 독서 신문은 책을 주제로 만든 신문이지요.

사실 그리 멀리 갈 필요도 없습니다. 길거리 가판대에서 아무 신문이나 한 부 사서 펼쳐 보면 바로 참고할 수 있을 테니까요.

옛날 기억을 떠올리든, 아니면 요즘 발행되는 신문을 사서 보든 이런 저런 준비를 해야 하는 이유는 아이 혼자 신문을 만들기는 힘들기 때문입니다. 신문은 보통 아이들의 관심사가 아니기 때문에 어떤 내용이 어떻게 들어 있는지 주의 깊게 본 적이 없을 거예요.

그래서 아이에게 기사의 종류와 형식, 표현하는 방법 등을 조언해 주어야 합니다. 그래야 아이가 어떤 기사를 쓰고 지면을 어떻게 나눌지 현명한 결정을 내릴 수 있지요. 그리고 한두 가지 기사는 아이와의 협의를 통해 직접 작성해 주세요. 그럼 서로 즐겁게 신문 만들기를 할 수 있을 것입니다.

3학년 이주희

주희네 가족 신문

예원, 드디어 어린이집 가다
"이제 적응했어요."

3월 15일, 드디어 주희네 가족의 귀염둥이 막내가 어린이집에 들어가게 되었다. 이제 4살이 되어 집에서 엄마랑만 노는 것이 심심하고 친구들도 사귀어야 하기 때문이다. 그런데 첫날부터 안 간다고 떼를 쓰고 울었다. 하지만 일주일이 지나고는 즐겁게 다니고 있다. 이제 적응이 된 것이다.

가족 음식 베스트

주희네 가족은 어떤 음식을 좋아할까? 엄마, 아빠, 주희, 예원, 할머니, 할아버지, 삼촌에게 물어 보니 다음과 같은 결과가 나왔다.

- ①위 할머니표 김치전골 (6명)
- ②위 엄마표 오징어 파전 (4명)
- ③위 삼촌표 떡볶이 (3명)

찬성 　 TV 보기 　 반대

vs

밥을 먹으면서 TV 보는 것에 찬성합니다. 그러면 더 즐겁게 먹을 수 있기 때문입니다.

밥을 먹으면서 TV 보는 것에 반대합니다. 그러면 TV에 정신이 팔려 밥을 늦게 먹을 것이기 때문입니다.

가족 행사

- 3월 17일 - 삼촌 생일
- 3월 20일 - 자연사박물관
- 3월 28일 - 찜질방

● 일반적인 구성의 신문입니다. 가족 소개와 가족의 최근 소식을 전하고 있습니다.

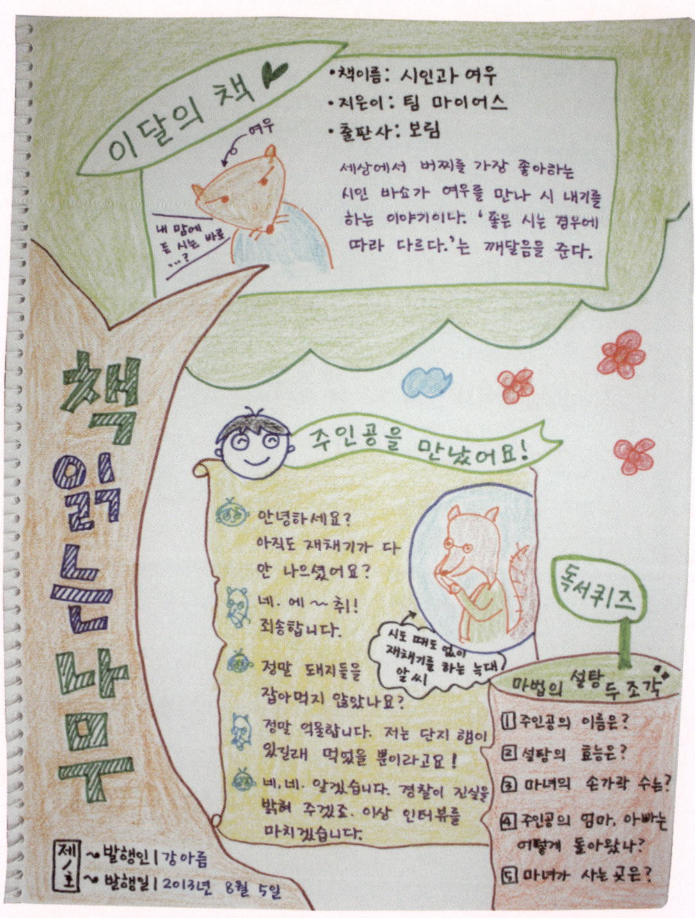

❯ 창의적인 구성의 신문입니다. 이런 구성으로 신문을 만들 때는 너무 복잡해지지 않도록 주의합니다.

"준비물을 챙겨 보자."

신문을 만들 때는 마치 그림을 그리듯 여러 가지 문구가 필요합니다. 큼직한 도화지뿐만 아니라 기사를 꾸미기 위한 색연필과 사인펜 등도 있으면 좋지요. 또 무엇이 필요할까요?

신문 만들기 준비물

① 연습장 : 어떤 기사를 쓸지 자유롭게 구상해요.
② 8절 또는 4절 도화지 : 신문 지면이에요. 이 안에 기사를 써요.
③ 크레파스, 색연필 : 그림을 그리거나 꾸미기를 해요.
④ 연필, 사인펜 : 기사를 써요.
⑤ 사진 : 기사의 생생함을 전하기 위해 관련 사진들을 준비해요.

"신문 이름은 무엇으로 할까?"

신문의 이름을 '제호'라고 합니다. 보통 ○○신문, ○○일보, ○○타임즈, 데일리○○ 등으로 표현하지요. 이름, 별명, 동물, 가훈, 비유적 표현 등을 이용해 제호를 지을 수 있습니다. 제호를 쓸 때는 보통 활자체를 쓰지만, POP처럼 개성 있게 써도 좋습니다.

제호 짓기의 예

(1) 이름 – 은진이네 가족신문
(2) 별명 – 왕눈이일보, 청개구리신문
(3) 가훈 – 행복일보, 사랑신문, 소망일보
(4) 상징 – 소나무신문, 웃음꽃일보

3 "어떤 기사들을 실을까?"

신문에 어떤 내용들을 담을지 정합니다. 신문엔 보통 보도 기사, 기획 기사, 인터뷰 기사, 홍보 기사, 소개 기사, 광고, 사설, 칼럼, 독자 의견, 만평, 4컷 만화 등이 실리지요. 새롭고 참신하고 꼭 알려 주고 싶은 일이 있으면 신문에 넣어 보세요. 기사를 정할 때는 관련 사진이나 이미지도 함께 생각해야 합니다.

4 "지면을 나눠 보자."

위에서 정한 내용을 지면의 어느 부분에 넣을지 정합니다. 가장 중심이 되는 메인 기사는 가운데 큼직하게 넣는 것이 좋겠지요? 보통 신문처럼 규칙성 있게 구성해도 되고, 개성을 살려 자유롭게 구성해도 좋습니다.

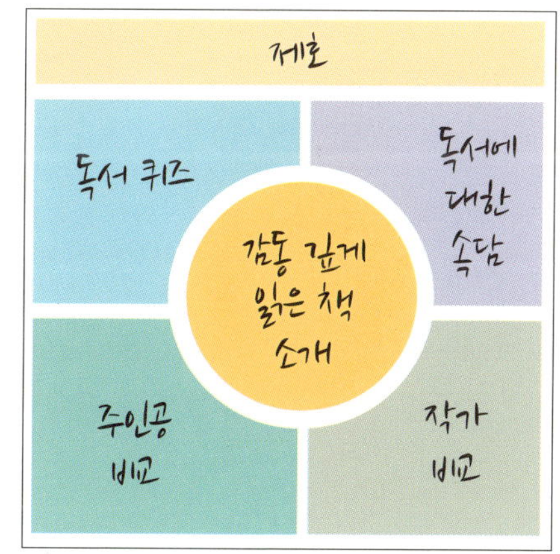

5 "기사를 써 보자."

기사 쓰기 방법은 앞에서 보았지요? 그 방법을 적용해 천천히 써 보도록 하세요.

 "가족 신문엔 이런 내용이 좋겠지?"

가족신문은 가족들을 소개하고 가족 행사를 알리고 가족의 자랑거리를 보여 주는 내용으로 구성하면 좋아요. 또 가족이 모두 공유하는 소중한 추억이나 함께 했던 여행을 기사로 작성해서 넣어도 좋지요. 그 외 가족 중 한 명을 골라 인터뷰를 해 보거나 가족이 지켜야 할 점, 가족에게 바라는 점 등을 사설 형식으로 쓸 수도 있어요. 자기 가족만의 개성 있는 신문을 만들어 보세요. 그리고 각 기사에는 관련 사진이나 그림을 그리면 좋습니다.

① 우리 가족 행복 뉴스

최근에 가족에게 일어난 특별한 일이나 기억에 남는 일, 가족의 사랑과 행복을 느꼈던 일을 소재로 기사를 써 보세요. 예를 들어 동생이 유치원에 들어갔거나, 내가 상을 받았거나, 아빠가 승진을 했거나, 엄마가 새로운 취미 생활을 시작했거나, 모두 함께 여행 간 일 등이 기삿거리가 될 거예요.

② 우리 집 자랑거리

우리 집 가보가 있나요? 아니면 다른 사람들에게 꼭 알려 주고 싶은 자랑거리는요? 조상께 물려받은 유물이나 할아버지, 할머니의 유품, 엄마와 아빠의 추억이 담긴 물건 등을 하나 정해 그에 관한 사연과 이야기를 담은 기사를 써 보아요.

③ 가족 행사 알림표

생일, 기념일, 제사, 여행, 가족 모임 등의 가족 행사를 날짜순으로 간단하게 적어요.

④ 인물 취재

가족 중 한 명을 골라 인터뷰를 하고 그 내용을 그대로 옮겨 적어요. 먼저 어떤 질문을 할지 미리 3~5가지 정도 정하고, 직접 물어 보면서 받아 적어요. 그리고 그 내용을 정리하여 신문에 인터뷰 기사로 넣어요.

⑤ 우리 가족이 지켜야 할 점

주장글처럼 써요. 신문에서는 사설에 해당하지요. 우리 가족이 함께 행복하게 살기 위해 지켜야 할 점 등을 적고 그 이유도 함께 써 보세요.

⑥ 가족 설문조사

한 가지 주제를 정해 가족의 생각을 알아보는 설문조사를 한 뒤 조사 결과를 기사로 써 보아요. 예를 들어 가고 싶은 여행지, 맛있는 음식, 기억에 남는 일 등 각각의 생각들을 조사할 수 있어요.

⑦ 4컷 만화

가족 중 한 명을 주인공으로 하는 만화를 그려요. 아니면 가족에게 일어난 재미있는 사건이나 에피소드를 만화로 구성해 보세요.

7 "독서 신문엔 퀴즈도 넣자!"

독서신문은 재미있게 읽은 책이나 새로 나온 책, 꼭 읽어야 하는 추천 도서, 책 광고 등의 내용을 담을 수 있습니다. 또 주인공 소개나 가상 인터뷰, 작가 소개, 책을 좋아하는 사람이나 많이 읽는 사람에 대한 기사를 넣어도 재미있지요. 그 외 책과 관련한 속담이나 격언, 독서 퀴즈도 있답니다. 책 표지나 책 속 삽화를 사진으로 찍거나 그려서 관련 기사에 덧붙인다면 신문이 더욱 풍요로워질 거예요.

① 새 책, 또는 요즘 읽고 있는 책 소개

최근에 새로 나온 책을 간단히 소개하거나, 요즘에 읽고 있는 책이 무엇인지 적어요. 책제목, 지은이 이름, 출판사, 간단한 내용 등을 쓰면 돼요. 책표지나 머리말을 참고해서 써요.

② 추천도서

분야별로 추천도서를 한두 권씩 정해서 제목, 지은이, 출판사, 추천 이유 등을 써요. 창작동화, 만화책, 과학책, 역사책, 위인전, 그림책 등이 있어요.

③ 주인공 소개 및 대결 인터뷰

주인공을 간단히 소개하거나, 책 속 인물들 중에서 반대되는 성격을 지닌 인물들이나 비슷한 성격의 인물들을 골라 함께 인터뷰한 내용을 써요. 예를 들어 흥부와 놀부, 콩쥐와 팥쥐, 신데렐라와 백설공주 등이 있을 거예요.

④ 책벌레 소개 기사

책을 좋아하고 많이 읽는 사람에 대해 기사로 써요. 책을 좋아하는 이유, 하루에 읽는 권수, 특이한 점 등을 재미있게 써요.

⑤ 4컷 만화

책읽기와 관련된 에피소드를 만화로 그려 봐요. 아니면 독서의 중요성을 보여 주는 만화도 좋아요. 또 어떤 책의 내용을 만화로 구성할 수도 있어요.

⑥ 독서 퀴즈나 독서 퍼즐

그 동안 읽은 책에서 간단한 독서 퀴즈를 다섯 문제 정도 내요. 단답형이나 ○✕ 퀴즈여야 해요. 서술형의 질문이나 창의적으로 답할 수 있는 질문은 퀴즈에 적합하지 않아요. 아니면 책을 한 권 정해서 가로세로 낱말 퍼즐을 만들어 보세요. 가로 낱말의 뜻, 세로 낱말의 뜻을 정확하게 써 주어야 해요.

⑦ 책 광고

먼저 광고할 책을 정한 다음 사람들이 호기심과 흥미를 가질 만한 카피를 써요. 그 다음 책표지나 주인공이나 지은이 얼굴, 삽화 중에서 카피와 어울리는 이미지를 골라 그리거나 사진으로 찍어서 붙여요. 그리고 책에 대한 간략한 설명을 쓰는데, 자세하게 쓰지 말고 사람들이 궁금해 할 정도만 써요. 마지막으로 책을 읽은 독자들의 평을 간단히 덧붙여요. 별표로 표시할 수도 있어요.

⑧ 독서 명언 모음

책이나 독서와 관련된 속담이나 명언을 찾아 정리해요.

⋖┄┄◁ 아이가 자꾸 대신 써 달라고 해요.

도와줄 수는 있지만 대신 해 줄 수는 없다고 말해야 합니다. 여기에 이유를 구구절절 붙여서 아이와 괜히 언쟁을 하는 것은 좋지 않습니다. 자기 숙제는 자기가 해야 한다는 것이 원칙임을 딱 잘라 말하세요. 낮은 목소리로 조용히 말이지요. 군더더기 말을 붙이지 않고 아이가 이미 납득하고 있는 원칙을 되풀이해서 말하면 대부분은 그냥 포기하고 다시 하기 시작합니다.

⋖┄┄◁ 사진이 없으면 어떡하나요?

사진이 없으면 그림을 그립니다. 캐릭터 그리기처럼 단순하고 가볍게 그리는 게 좋아요. 예를 들어 책 소개 기사라면 원래 표지 이미지를 붙여 주는 것이 좋은데, 없으면 주인공을 그리는 것이지요. 관련된 사물을 그리는 것도 좋습니다. 어떤 그림이든 너무 복잡하고 자세하게 그리지는 않도록 하세요. 그러면 시간도 많이 빼앗기고 빨리 지친답니다. 그런데 그림을 그리면 색칠은 꼭 하도록 해 주세요. 꼼꼼하게 칠할수록 신문이 확 살아날 거예요.

⋖┄┄◁ 아이가 하려는 의지가 없어요

혹시 아이가 마음의 준비가 되지 않았는데 재촉하지 않았는지 돌아보세요. 아니면 아직 무엇을 어떻게 하는지 확실히 모를 수도 있고요, 잘 못할까 봐 두려워서 그럴 수도 있습니다. 이런 경우 **준비물을 하나하나 검토하고, 오늘 있었던 일들에 대해 얘기하면서 천천히 분위기를 만들어 주세요.** 그리고 기존의 신문들에 대해 얘기해 주면서 신문 이름부터 함께 정해 봅니다.

아이가 쓸데없이 고집을 부려요

아이가 고집을 부린다면 그건 기분 상한 일이 있었기 때문입니다. 예를 들어 자신이 하고 싶은 대로 못했거나 지나치게 강요받는다고 느끼거나 자신이 미처 결정하기도 전에 다른 사람이 결정을 해 버리는 경우지요. 그러면 아무리 좋은 의견이라고 해도 따르고 싶지 않습니다. 아이의 결정이나 활동은 있는 그대로 존중해 주고, 결과에 대해서는 일단 칭찬해 주어야 합니다. 신문 만들기같이 노력과 시간이 많이 드는 쓰기 활동은 더욱 그렇지요. 이때 좋은 기억이 생겨야 나중에도 이 활동을 기분 좋게 할 수 있답니다.

속도가 너무 느려요.

아이들은 대체로 글을 쓰는 속도가 느립니다. 더 정확히 말하면 집중해서 한 번에 쓰지 못하고 조금 썼다가 쉬었다가를 반복하지요. 신문 만들기같이 호흡이 긴 글쓰기는 이런 면이 더욱 두드러지지요. 이때 "빨리 써! 넌 왜 그렇게 느리니?"라는 말을 하면 절대 안 됩니다. **역할 분담을 하고, 활동은 순서를 정해 짧게 끊어서 할 수 있도록 해 주고, 기사의 양을 조금 줄입니다.** 글씨를 크게 쓰도록 하는 것이지요. 그리고 아이가 기사를 쓰기 전에 어떤 내용을 쓰면 좋을지 조언하듯 간단히 얘기해 주세요. 그러면 생각이 자극될 거예요.

글을 다른 종이에 써서 붙여도 되나요?

기사는 다른 종이에 써서 붙여도 되고 컴퓨터 문서로 깔끔하게 작성해 붙여도 됩니다. 이때 어느 정도 써야 하는지 양을 미리 정해야 합니다. 신문 지면은 한정돼 있고 다른 기사도 써야 하니까요. 그리고 세로로 길게 쓸지 가로로 길게 쓸지도 미리 정합니다.

생활 속, 이야기 속 수학~ 수학 스토리텔링 쓰기

수학 스토리텔링 글쓰기를 지도하려면 먼저 어른들의 막연한 공포부터 없애야 해요. 수학 공식이나 문제를 말로 쉽게 설명한다고 생각해 봅니다.

18

마음 준비하기

스토리텔링 수학? 수학을 이야기로 풀어 쓴다고? 처음 이 말을 듣고는 그것이 과연 가능한 일인지 어떤지 의아해 했을 것입니다. 그런데 뚜껑을 열어 보니 불가능한 일도 아니었고, 바뀐 수학 교과서의 이 부분도 생각보다 어렵지 않았을 거예요. 사실 우리가 예전에 배웠던 수학 원리나 공식은 모두 일상의 상황 속에서 탄생한 것이거든요. 그러니까 치음부터 나름의 '사연'을 가지고 있었던 거지요.

아이들을 가르쳐 보면 알겠지만 의외로 아이들은 스토리텔링 수학을 어려워하지 않습니다. 다른 글쓰기처럼 처음에 문장을 만드는 것을 조금 힘들어 할 수도 있지만, 몇 가지 배우고 나면 금세 익숙해지지요.

그러니까 수학 스토리텔링 글쓰기를 지도하려면 먼저 이에 대한 어른들의 막연한 공포를 없애야 합니다. 우리가 학교 다닐 때 수학은 마치 먼 외계에서 온 과목 같았지요. 일상에서 거의 쓰지 않는 공식과 기호가 난무했으니까요. 그런데 그 공식과 기호들은 사실 현실에서 나온 것이랍니다.

수학 공식이나 문제를 말로 쉽게 설명한다고 생각해 보세요. 일상의 소재를 이용하여 문제를 만들어 보거나 예술 작품 속에서 수학과 관련한 것을 찾아봅니다.

수학 스토리텔링은 수학을 원래의 자리로 돌려놓는 거랍니다. 수학 일기도 쓰고, 식을 숫사가 아닌 글사로도 써 보고, 틀린 문제가 있으면 왜 틀렸는지 이유를 생각해 보는 글도 써 보도록 합니다. 수학을 말로 글로 풀어 쓰다 보면 "수학은 왜 배워요?"라는 질문을 더 이상 하지 않을 거예요. 그것이 우리 생활의 일부라는 걸 느낄 테니까요.

개념과 원리를 스토리텔링으로 쓰기

원의 넓이를 구하는 법

6학년 장이현

원의 넓이를 구하는 공식을 배웠다. 이건 사각형의 넓이 구하는 공식을 응용하면 된다. 그렇다면 어떻게 원을 사각형 모양으로 만들 것인가가 중요하다. 이건 원을 아주 잘게 쪼개면 된다. 이때 아무렇게나 쪼개면 안 되고 중심에서 케이크를 자르듯 작은 부채꼴 모양으로 자른다. 아주 아주 아주 작게 말이다. 그래야 원의 둥근 부분이 거의 평평해진 것처럼 되기 때문이다.

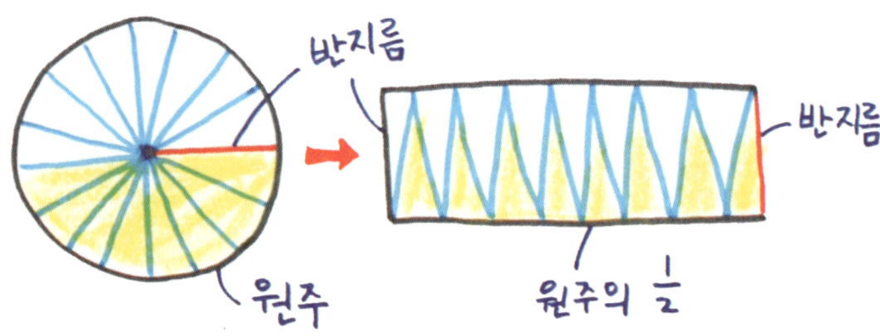

이제 원이 사각형이 되었다. 그러면 사각형의 넓이 공식에 의해 원의 넓이는 '원주의 1/2 × 반지름'이 된다. 그런데 원주는 '지름 × 원주율'이다. 따라서 원의 넓이를 구하는 공식은 '지름 × 원주율 × 1/2 × 반지름'이 된다. 그런데 지름의 1/2은 반지름이므로 최종적으로 '반지름 × 반지름 × 원주율'이 나온다.

원의 넓이를 구하는 공식을 스토리텔링으로 썼습니다. 친구에게 친절히 설명해 주듯 그 과정을 상세하게 풀어 썼어요. 중간중간 느낌을 덧붙이면 더 생생한 글이 되겠지요.

지하철 이동 시간

4학년 김민주

외할머니 댁에 가려고 지하철역에 갔다. 막 지하철을 탔는데 이모가 전화를 하셨다.

"몇 시쯤 도착해?"

"몰라. 지금 탔어."

"그래? 그럼 약 28분, 30분 정도 걸리겠구나. 조심히 와."

나는 전화를 끊고 어째서 그런 시간이 나오는지 궁금했다.

외할머니 댁에 도착해서 이모한테 물어 보니까 역 사이 이동 시간이 약 2분 정도라고 했다. 그럼 철산역에서 반포역까지는 열네 정거장 차이이니까 '14×2' 해서 '28'이 나온 거다.

정말 신기했다. 어디 갈 때 시간을 계산해 보지 않고 그냥 막 갔던 일이 떠올랐다. 그래서 어떤 때는 늦고 어떤 때는 너무 일찍 가서 고생했다. 그리고 엄마한테 언제 도착하냐고 짜증난 적도 많다. 그런데 이렇게 역 사이 사이 시간을 알면 미리 계산해서 약속에 맞게 갈 수 있다.

수학은 정말 알면 편한 점이 많다는 걸 새삼 느꼈다.

▶ 한 역에서 다음 역까지 가는 데 걸리는 시간을 통해 전체 이동 시간을 계산한 경험을 썼습니다. 일상생활에서 일어나는 일 중에 수학 개념을 적용한 사례지요.

 **"오늘 배운 내용을 수학 일기로 써 보자."**

수학 일기는 스토리텔링 방식의 수학 공부에 가장 많은 도움이 됩니다. 배운 내용을 있는 그대로 일기에 써 보면 배우는 중에는 잘 이해하지 못했던 부분까지 깨닫게 되지요.

① 수학 교과서에서 오늘 배운 내용을 찾아요.

수학 교과서를 펼쳐 어떤 내용을 배웠는지 찾아봅니다. 한 가지 이상 핵심적인 내용을 배웠을 거예요. 개념이나 원리, 공식을 배웠다면 그에 대해 써 보고, 단순히 문제만 풀었다면 그 중에 어려웠던 문제를 하나 골라 일기 소재로 삼습니다.

② 내용을 자세하게 풀어 써요.

배운 내용을 글로 자세하게 풀어 씁니다. 기호나 수식을 줄이고 설명식으로 쓰게 하세요. 개념에 대해 쓸 때는 정의를 쉬운 말로 쓰고, 예를 덧붙입니다. 공식이나 원리를 쓸 때는 어떻게 해서 그런 결과가 나오는지 과정을 자세히 씁니다. 문제에 대해 쓸 때는 풀이 과정을 친구에게 설명해 주듯 친절하게 씁니다.

③ 소감을 덧붙여요.

배운 내용에 대한 소감을 덧붙입니다. 어려웠던 부분, 흥미로웠던 부분, 현실에 적용할 수 있는 부분 등을 쓰는 거예요.

"이 세상을 수학 안경을 쓰고 볼까?"

　　　　현실 경험을 수학적으로 풀어 쓰는 것입니다. 친구를 만난 일을 쓴다면 몇 시에 만나서 몇 시에 헤어졌는지 쓴 다음 몇 시간 동안 만났는지 계산해 보는 것이지요. 물론 이건 아주 단순한 예입니다.

① 소재를 골라요.

소재를 고를 땐 수학자가 되었다고 상상해 보도록 합니다. 수학자의 눈에는 이 세상이 온통 수학의 비밀을 품은 거대한 문젯거리로 보일 테니까요. 누군가 밥을 먹는 모습을 보면 밥 먹는 양과 속도의 관계가 궁금할 수 있고, 밥그릇이나 반찬그릇의 모양과 크기를 조사해 보고 싶은 마음이 생길 수도 있지요. 그러면 어떤 현상을 골라도 수학적으로 쓰기 쉬워질 거예요.

② 그 안에 숨어 있는 수학 지식을 찾아요.

배운 지식을 총동원하여 그 현상에 숨은 수학 지식을 찾습니다. 수 세기나 연산처럼 아주 간단한 원리를 찾는 것부터 시작합니다. 그리고 눈에 확 드러나는 도형 찾기도 좋아요. 배우지 않은 내용을 발견하고 싶다면 규칙성을 찾아보도록 하면 됩니다.

③ 자세히 풀어 써요.

위 내용을 순서대로 자세히 정리합니다. 신기한 점, 알게 된 점을 덧붙이면 좋습니다.

〜〜 오답도 스토리텔링 방식으로 정리하면 좋은가요?

아주 좋습니다. 스토리텔링의 가장 큰 장점은 그 문제에 대해 '느낌'을 갖게 한다는 데 있습니다. 아이들은 문제를 틀려 오답 노트를 작성해도 또 틀리는 경우가 허다하지요. 아직 '감'이 안 잡혔기 때문이에요. 게다가 틀린 문제에 대해 쓰는 걸 좋아하지 않아요. 창피하기 때문이지요. 아이들의 이런 마음을 헤아리고 배려해 절대 비난하거나 트집을 잡지 마세요. "괜찮아. 틀릴 수도 있지. 틀리면서 배우는 거야."라고 격려하고 용기를 주세요.

〈오답 문제 스토리텔링 글쓰기〉

- 첫 부분 : 어떤 문제를 왜 틀렸는지 씁니다.
- 가운데 부분 : 그와 관련한 개념과 공식, 원리를 쓰고, 적용하여 다시 천천히 풀이과정을 씁니다.
- 끝 부분 : 앞으로 비슷한 문제를 풀 때 어떤 부분에 주의해야 하는지 씁니다.

〜〜 수학 만화나 수학 동화 읽기가 도움이 될까요?

무엇이든 많이 읽을수록 잘 쓸 가능성이 높습니다. 특히 수학 만화나 수학 동화는 그 형식이 완전히 스토리텔링 방식이기 때문에 흥미도 있고 이해도 쉬운 편이지요. 그런데 사실 수학 만화 중에는 만화 스토리 부분은 재미있지만 수학 지식 부분은 아이 수준보다 어려울 수 있습니다. 그래서 수학 만화를 선택할 때는 그 안에 들어 있는 지식이 아이 수준에 맞는 걸 고릅니다. 만약 아직 배우지 않은 내용이라면 여러 번 읽도록 해 주세요.

수학자 이야기나 수학의 역사 이야기는 어떤가요?

수학 공부에 여러 모로 많은 도움이 됩니다. 수학에 대한 배경지식을 쌓음으로써 이해를 높이지요. 그리고 원리나 공식이 어떻게 발견되었는지 알 수 있으니까 수학적 사고력도 크게 키워진답니다. 단, 저학년에겐 어렵기 때문에 고학년부터 읽는 게 좋아요. 서양 수학의 역사와 우리 수학의 역사를 두루 읽는 것이 좋답니다.

수학 동화나 이야기는 어떻게 짓나요?

이야기 짓는 방식을 따르면 됩니다. 먼저 주인공을 정하고 주인공이 어떤 수학 문제에 부딪혔는지 써요. 그 적용할 개념이나 원리를 떠올리는 내용을 적은 다음, 문제를 푸는 과정을 쓰면 되지요. 인물을 한 명 등장시키는 것보다 두 명 이상 등장시켜 대화하며 문제를 푸는 걸 쓰도록 합니다.

수학 대화를 하라는데 무슨 말인가요?

수학적인 개념들을 응용하여 의사소통을 하라는 뜻입니다. 수학을 좋아하지 않는 어른이라면 귀찮고 번거로울 수 있는데 한번 해 보면 아이의 수학적 사고력이 발달할 거예요. 만약 파리가 벽에 붙어 있다면, "왼쪽으로 세 뼘, 위로 다섯 뼘 자리에 파리가 앉아 있어."라고 말하는 것이지요. 또 아이가 학교에서 어떤 내용들을 배웠는지 미리 알아본 뒤 생활 속에서 그와 관련지어 설명할 수 있는 일이 생기면 기회를 놓치지 말고 대화를 나누는 것이지요. 수학 대화는 일상 속에서 자연스럽게 수학적 사고력을 자극한답니다. 이것에 선행된다면 수학 스토리텔링은 정말 쉬워질 거예요.

평가

아이가 글을 다 썼습니다.
누가 평가를 하는 것을 좋을까요?

교사?
부모?
친구들?
아니면 글쓰기 지도 전문 선생님?

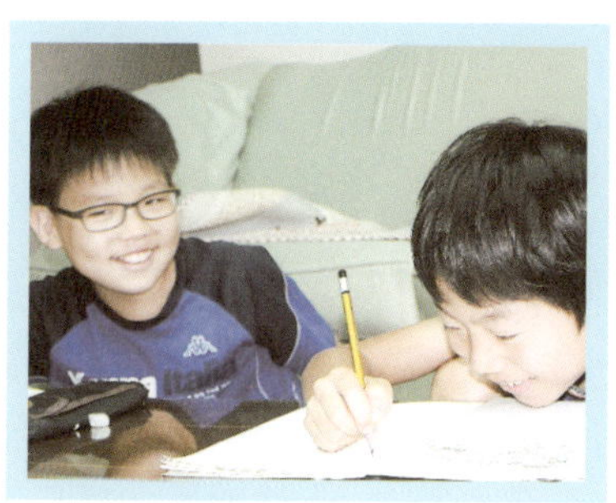

아이 글의 첫 번째 평가자는 아이 자신이 되는 것이 가장 좋습니다.

좋은 글을 보는 안목이 좋은 글을 쓰게 하니까요.

뛰어난 소설가들의 공통점 역시

모두 소설 보는 안목이 대단하다는 것입니다.

아이에게 자기 글을 평가할 수 있는 기회를 주고
조건을 만들어 주세요.

라는 말로 아이가 직접 소리 내어 읽게 해 봅니다.
그러면 아이는 저도 모르게 자기 글을 평가하게
되지요. 소리를 내어 읽다 보면 글에 대한 거리감
이 생기거든요. 거리감이 생기면 틀린 부분, 수정
할 부분이 눈에 들어옵니다. 그러면 자연스럽게
고쳐 쓰기로 이어지지요.

또 잘 쓴 부분은 스스로 잘했다는
느낌이 들어 뿌듯해집니다.
뿌듯함은 자존감을 키워 주고,
자존감은 글쓰기 자신감으로 연결되지요.

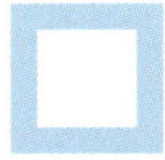

두 번째 평가자는 바로 글쓰기를 함께 한 나입니다.
아이가 소리 내어 한번 다 읽고 고치기까지 했다면
이번엔 내가 다시 읽어 보세요.
이 경우엔 조금 전문적인 기준을 적용하여 읽어 보는 게 좋겠지요?
맞춤법, 띄어쓰기, 문장, 어휘, 주제의 참신성,
내용의 일관성, 근거의 타당성 등의 기준이 있습니다.

물론 이들 기준 전부를 아이 글에 엄격하게 적용하지는 않습니다.
다만 크게 문제가 되는 것만 간단히 집어 주세요.
그리고 바로 고칠 수 있도록 합니다.
그러면 평가를 위한 평가가 아니라
더 좋은 글의 완성을 위한 평가가 될 것입니다.